新形态立体化精品系列教材

办公自动化
高级应用教程

Office 2016 | 微课版

罗保山 杨宁 / 主编

吴勇刚 王欢 唐娴 / 副主编

人民邮电出版社

北京

图书在版编目（CIP）数据

办公自动化高级应用教程：Office 2016微课版 /
罗保山，杨宁主编. -- 北京：人民邮电出版社，2023.7
新形态立体化精品系列教材
ISBN 978-7-115-61496-4

Ⅰ．①办… Ⅱ．①罗… ②杨… Ⅲ．①办公自动化－
应用软件－教材 Ⅳ．①TP317.1

中国国家版本馆CIP数据核字(2023)第054991号

内 容 提 要

本书采用项目教学法介绍利用 Office 2016 实现办公自动化的相关知识。全书共 10 个项目，前 8 个项目对 Office 三大组件进行详细讲解，包括 Word 文档的编辑与制作、Word 对象的添加与使用、Word 文档的编排与高级处理、Excel 表格的制作、Excel 表格数据的计算与管理、Excel 表格数据的分析、PowerPoint 演示文稿的制作与设计、PowerPoint 动画及放映设置等知识；项目九介绍 Office 移动办公与协同办公知识；项目十通过制作产品营销推广方案的综合案例，进一步提高读者对办公自动化技术的应用能力。

本书项目一～项目九的每个任务由任务目标、相关知识和任务实施三部分组成，之后进行强化实训，并安排了相应的课后练习和技能提升。本书将职业场景引入课堂教学，让学生提前进入工作角色，着重对学生实际应用能力的培养。

本书既可以作为高等院校、职业院校"计算机办公""Office办公"课程的教材，又可以作为教育培训学校的教学用书，同时还可供计算机办公初学者学习参考。

◆ 主　编　罗保山　杨　宁

　　副主编　吴勇刚　王　欢　唐　娴

　　责任编辑　马小霞

　　责任印制　王　郁　焦志炜

◆ 人民邮电出版社出版发行　北京市丰台区成寿寺路 11 号

　邮编　100164　电子邮件　315@ptpress.com.cn

　网址　https://www.ptpress.com.cn

　固安县铭成印刷有限公司印刷

◆ 开本：787×1092　1/16

　印张：16.25　　　　　　　　　　2023 年 7 月第 1 版

　字数：477 千字　　　　　　　　　2025 年 1 月河北第 3 次印刷

定价：59.80 元

读者服务热线：(010)81055256　印装质量热线：(010)81055316
反盗版热线：(010)81055315
广告经营许可证：京东市监广登字 20170147 号

前 言 PREFACE

伴随着信息技术的飞速发展，办公自动化也由原来的行政办公信息服务，逐渐发展到利用计算机、通信和互联网提供服务，实现无处不在、无时不在的实时动态管理。办公自动化不仅可以优化企业现有的管理体制，还能在提高工作效率的基础上减少办公成本。同时，由于移动信息产品的发展，移动办公也成为当下一种潮流的办公模式，它不受地域、时间的限制，可以随时随地办公，无论是在上下班的路上，还是在外出差，都能利用移动设备处理各项办公事务，因此，移动办公备受企业和办公人士的推崇和喜爱。

Office作为一款常用的办公自动化软件，可以在各种移动办公设备中使用，实现共享编辑，辅助人们快速完成各项工作。为此，我们结合各类职业院校的Office办公软件的实际教学情况以及全国计算机等级考试二级MS Office的操作要求，组织了一批优秀的、具有丰富教学经验和实践经验的作者团队编写了本书，编写内容与结构力求达到职业教育国家规划教材的要求，以帮助各类职业院校快速培养优秀的技能型人才。

 教学方法

本书精心设计了"情景导入→任务讲解→上机实训→课后练习→技能提升"教学法，将职业场景引入课堂教学，激发学生的学习兴趣，然后在任务的驱动下实现"做中学，做中教"的教学理念，并通过课后练习全方位地帮助学生提升专业技能，最后讲解一些在办公过程中常用，但任务操作中未涉及的技能，以帮助学生掌握通过一些小技巧快速解决一些问题或实现某些操作的方法。

- 情景导入：以情景对话的方式引入项目主题，介绍相关知识点在实际工作中的应用情况，以及与前后知识点之间的联系，让学生充分了解学习这些知识点的必要性和重要性。
- 任务讲解：以实践为主，强调"应用"。每个任务先指出要制作的实例、制作的思路、需要用到的知识点，然后讲解制作该实例必备的基础知识，最后以详细步骤讲解任务的实施过程。讲解过程中穿插"知识提示""多学一招"两个小栏目。
- 上机实训：结合任务讲解的内容和实际工作需要给出操作要求，提供适当的操作思路及步骤提示以供参考，要求学生独立完成操作，充分训练学生的动手能力。
- 课后练习：结合项目内容给出难度适中的上机操作题，使学生通过练习达到强化巩固所学知识、温故而知新的目的。
- 技能提升：精选办公过程中常用的一些技能，通过技能知识板块，让学生掌握更多Office办公应用知识，全面提升学生的办公技能。

特点特色

本书的教学目标是帮助学生掌握使用Office实现办公自动化的相关知识，具体教学内容包括Office办公套件中Word、Excel、PowerPoint三大组件的办公自动化、计算机与手机之间的移动办公、Office各组件之间的协同办公等知识。

本书具有以下特点。

（1）立德树人，提升素养

党的二十大报告提出"全面贯彻党的教育方针，落实立德树人根本任务，培养德智体美劳全面发展的社会主义建设者和接班人"。本书精心设计，因势利导，依据专业课程的特点采取了恰当方式自然融入中华传统文化、科学精神和爱国情怀等元素，弘扬精益求精的专业精神、职业精神和工匠精神，培养学生的创新意识，将"为学"和"为人"相结合。

（2）校企合作，双元开发

本书由学校教师和企业工程师共同开发。由公司提供真实项目案例，由常年深耕教学一线、具有丰富教学经验的教师执笔，将项目实践与理论知识相结合，体现了"做中学，做中教"等职业教育理念，保证了教材的职教特色。

（3）项目驱动，产教融合

本书精选企业真实案例，将实际工作过程真实再现到本书中，在教学过程中培养学生的项目开发能力。以项目驱动的方式展开知识介绍，提升学生学习和认知的热情。

（4）创新形式，配备微课

本书为新形态立体化教材，针对重点、难点，录制了微课视频，可以利用计算机和移动终端学习，实现了线上线下混合式教学。

教学资源

本书的教学资源包括以下两方面的内容。

（1）教学资源包

教学资源包包括书中实例涉及的素材与效果文件、各任务实施和上机实训的操作演示视频，以及教学教案、PPT课件和模拟试题库等内容。其中，模拟试题库含有丰富的Office办公自动化高级应用相关试题，题型包括填空题、单项选择题、多项选择题、判断题和操作题等，可以自由组合出不同的试卷进行测试，以便老师顺利开展教学工作。

（2）教学扩展包

教学扩展包包括方便教学的拓展资源，以及各种Office模板素材等。

特别提醒：上述教学资源可访问人邮教育社区（https://www.ryjiaoyu.com）搜索下载。

虽然编者在编写本书的过程中倾注了大量心血，但恐百密之中仍有疏漏，恳请广大读者及专家不吝赐教。

编者
2023年1月

目　录 CONTENTS

项目三

Word文档的编排与高级处理 ············ 41

项目四

Excel表格的制作 ············ 68

项目五

Excel表格数据的计算与管理·······90

项目六

Excel表格数据的分析······120

项目七

PowerPoint演示文稿的制作与设计 ··················· 151

项目八

PowerPoint动画及放映设置⋯⋯⋯⋯⋯⋯ 179

项目九

Office移动办公与协同办公⋯⋯⋯⋯⋯⋯ 196

项目十

综合案例——产品营销推广 ·············· 225

项目一

Word 文档的编辑与制作

情景导入

　　米拉最近入职了一家新公司，目前在为办公室的其他同事做一些辅助性的工作。一天，老洪让米拉用Word帮他做一些办公文档，米拉虽然有办公文档的制作基础，但制作出来的效果老洪并不满意。老洪告诉米拉，制作文档并不只是简单地输入文字内容，还要对文档的格式、页面等进行设置，使文档的排版、布局更加规范。于是米拉开始了文档制作与编辑的学习。

学习目标

- 掌握制作"培训通知"文档的方法。

　　如插入符号、查找和替换文档内容、设置字体和段落格式、添加项目符号和编号、添加边框和底纹等。

- 掌握编排"产品介绍"文档的方法。

　　如设置纸张方向、设置页边距、设置页面背景、设置文档分栏、自定义页面边框、自定义水印等。

素养目标

　　掌握专业办公软件的相关技能，认真履行岗位职责。

案例展示

▲ "培训通知"文档

▲ "产品介绍"文档

任务一 制作"培训通知"文档

通知是指向特定受文对象告知或转达有关事项或文件，让对象知道或执行的公文。在日常办公中，使用较多的通知是培训通知。

培训通知的目的不同，其包含的内容也会有所不同，但培训目的、培训时间、培训地点、培训对象、培训要求、培训注意事项等内容都是需要体现的。

一、任务目标

本任务将使用Word制作"培训通知"文档，在制作文档时首先输入文档内容，然后对文档内容的字体格式和段落格式进行设置，接着为文档部分段落添加需要的编号、边框和底纹，使文档的排版、布局更加规范。通过对本任务进行学习，读者可快速制作出专业的办公文档。

本任务制作完成后的效果如图1-1所示。

素材所在位置 素材文件\项目一\培训通知内容.txt

效果所在位置 效果文件\项目一\培训通知.docx

二、相关知识

本任务制作过程中涉及的知识和操作包括认识Word 2016工作界面、查找和替换设置、段落编号设置等，下面进行简单介绍。

（一）认识Word 2016工作界面

图1-1 "培训通知"文档

在计算机中安装Office 2016后，启动Word 2016，在Word 2016界面右侧选择"空白文档"选项，即可新建一个Word空白文档。Word 2016的工作界面主要由快速访问工具栏、标题栏、按钮区、选项卡、功能区、导航窗格、文档编辑区、滚动条、状态栏和视图栏组成，如图1-2所示。

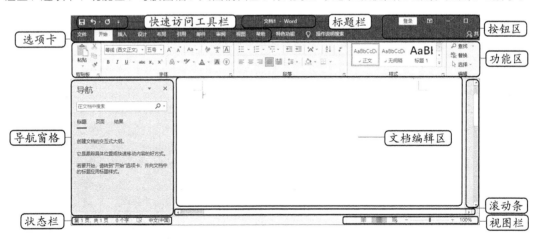

图1-2 Word 2016工作界面

- **快速访问工具栏：**用于放置一些使用频率较高的工具。默认情况下，该工具栏包含"保存"按钮、"撤销键入"按钮、"重复键入"按钮和"自定义快速访问工具栏"按钮。当需要将其他常用的按钮添加到快速访问工具栏时，单击"自定义快速访问工具栏"按钮，在弹出的下拉列表中选择需要的选项后，就可将对应的按钮添加到快速访问工具栏中，以便快速进行相应的操作。

- **标题栏：** 用于显示正在编辑的文档文件名以及所使用的软件名称等。
- **按钮区：** 包括用于登录微软用户账户的 登录 按钮、控制窗口的"功能区显示选项"按钮、"最小化"按钮、"向下还原"按钮、"最大化"按钮和"关闭"按钮等。
- **选项卡标签：** 单击选项卡标签名称可切换到相应选项卡。
- **选项卡：** 将Word的各种工具以选项卡的形式集合在一起，不同的选项卡中存放着不同功能的工具，每一个选项卡中的工具被分类放置在不同的组中，单击某些组右下角的对话框启动器按钮，可打开相应的对话框或任务窗格，对某些参数进行设置。
- **导航窗格：** 在"标题"选项卡中显示文档中的标题大纲；在"页面"选项卡中显示文档中每个页面的效果；在搜索框中输入查找或搜索内容，查找结果或搜索结果将在"结果"选项卡中显示。
- **文档编辑区：** 用于输入、编辑文档内容，设置页面和文档格式等，是Word文档的主要工作区域。
- **滚动条：** 当文档页面中的内容不能完全显示出来时，可拖曳滚动条查看相应的内容。向上或向下拖曳右侧的垂直滚动条，可查看当前页面前后的内容；向左或向右拖曳下方的水平滚动条，可查看当前页面左右的内容。
- **状态栏：** 位于工作界面底部左侧，用于显示当前文档的状态和相关信息，如当前页面的页码、文档总页数、总字数和语言等。
- **视图栏：** 位于工作界面底部右侧，用于切换文档视图和调整视图显示比例。

（二）查找和替换设置

在编辑Word文档时经常会出现多处相同的文本输入错误的情况，如果一处一处地进行查找和修改，会花费大量的时间和精力。因此，可以使用Word提供的查找和替换功能进行文档内容的批量查找和修改，大大提高文档的编辑效率。

在Word中使用查找和替换功能，不仅可以对文本内容进行批量修改，还可以对格式、特殊格式等进行查找和替换，下面进行简单介绍。

- **查找和替换文本：** 将文本插入点定位至文档任意一处，然后按【Ctrl+H】组合键，弹出"查找和替换"对话框，如图1-3所示。在"替换"选项卡的"查找内容"下拉列表框中输入要查找的文本内容，在"替换为"下拉列表框中输入要替换为的文本内容，单击 全部替换(A) 按钮。替换完成后将显示替换的数量。

图1-3 "查找和替换"对话框

| 多学一招 | 查找对象的技巧 |

在导航窗格的搜索框中输入文本后，可在文档中查找出对应的文本内容；单击搜索框右侧的"搜索更多内容"按钮，在弹出的下拉列表中选择"查找"栏中的选项，可在文档中查找出图形、表格、公式、脚注/尾注或批注等内容。

- **查找和替换格式：** 在"查找和替换"对话框中的"替换"选项卡中单击 更多(M) 按钮，展开对话框的更多选项。将文本插入点定位到"查找内容"下拉列表框中，单击 格式(O) 按钮，在弹出的下拉列表中选择需要查找的格式，如选择"字体"选项，将弹出对应的"查找字体"对话框，如图1-4所示，在其中可对查找的字体格式进行设置。设置"替换为"格式的方法与之类似，只需打开对应的对话框进行设置即可。
- **查找和替换特殊格式：** 将文本插入点定位到"查找内容"下拉列表框中，单击 特殊格式(E) 按钮，在弹出的下拉列表中提供了Word 2016支持查找的一些特殊格式，如图1-5所示。选择相应的特殊格式后，其对应的符号将自动填入下拉列表框中。"替换为"下拉列表框中的特殊格式也可使用该方法设置后进行替换。

图1-4 "查找字体"对话框 　　　　图1-5 查找和替换特殊格式

知识提示　　　　　　　　　　　　**替换特殊格式**

　　"查找和替换"对话框提供的"查找"特殊格式和"替换"特殊格式并不完全相同，"替换"特殊格式要相对少些。

（三）段落编号设置

在文档中为段落添加编号，可以使文档的层次结构更清晰，也便于快速区分段落的先后顺序。如果内置的编号样式不能满足文档制作的需要，则可根据需要自定义编号。另外，如果编号的起始值不正确，则还可进行修改。自定义编号和设置编号起始值的方法如下。

- **自定义编号：**选择需要添加编号的段落，单击【开始】/【段落】组中"编号"按钮 ≔ 右侧的下拉按钮 ▾，在弹出的下拉列表中选择"定义新编号格式"选项，打开"定义新编号格式"对话框，在"编号样式"下拉列表框中选择需要的编号样式，然后在"编号格式"文本框中设置编号，在"对齐方式"下拉列表框中选择编号对齐方式，如图1-6所示，设置完成后单击 确定 按钮。

- **设置编号起始值：**将文本插入点定位至需要更改段落编号的位置，单击鼠标右键，在弹出的快捷菜单中选择"设置编号值"命令，打开"起始编号"对话框，在"值设置为"数值框中输入编号的起始值，单击 确定 按钮，如图1-7所示。编号起始值将变为设置的值，并且后面连续的编号将自动更改。

图1-6 "定义　　　　图1-7 "起始编号"
新编号格式"对话框　　　　对话框

三、任务实施

（一）输入特殊字符与日期

微课视频

输入特殊字符与日期

下面在Word空白文档中输入培训通知内容，插入特殊符号和日期，其具体操作如下。

（1）启动Word 2016，新建一个名为"培训通知"的空白文档，在文档中输入"培训通知内容.txt"中的内容，将文本插入点定位到文档第2行的"2021"文本前，单击【插入】/【符号】组中的"符号"按钮Ω，在弹出的下拉列表中选择"其他符号"选项，如图1-8所示。

（2）打开"符号"对话框，在"字体"下拉列表框中选择"等线"选项，在下方的列表框中选择需要插入的符号"〔"，单击 插入(I) 按钮，如图1-9所示。

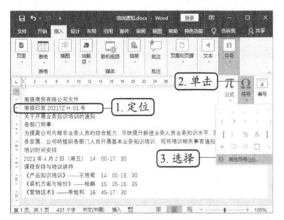

图1-8 选择"其他符号"选项

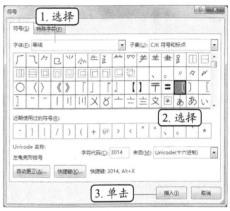

图1-9 选择符号插入

（3）所选符号将插入文本插入点所在位置，使用相同的方法在"2021"文本后插入"〕"符号。

（4）将文本插入点定位到落款处的"人事行政部"下方的空行中，单击【插入】/【文本】组中的"日期和时间"按钮，如图1-10所示。

（5）打开"日期和时间"对话框，在"可用格式"列表框中选择"2021年3月26日"选项，单击 确定 按钮，如图1-11所示。

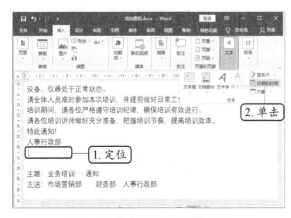

图1-10 单击"日期和时间"按钮

图1-11 选择日期格式

（6）所选日期和时间格式将插入文本插入点处，如图1-12所示。

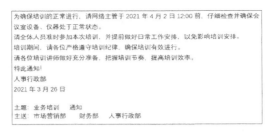

为确保培训的正常进行，请网络主管于2021年4月2日12:00前，仔细检查并确保会议室设备、仪器处于正常状态。
请全体人员准时参加本次培训，并提前做好日常工作安排，以免影响培训安排。
培训期间，请各位严格遵守培训纪律，确保培训有效进行。
请各位培训讲师做好充分准备，把握培训节奏，提高培训效率。
特此通知！
人事行政部
2021年3月26日

主题：业务培训　通知
主送：市场营销部　　财务部　　人事行政部

图1-12　查看插入的日期

多学一招　　　　　　　　使用快捷键插入日期和时间的技巧

　　按【Alt+Shift+D】组合键可在文档中插入系统当前的日期；按【Alt+Shift+T】组合键可在文档中插入系统当前的时间。

（二）编辑和设置文本格式

微课视频

编辑和设置文本格式

　　对输入的文字内容进行编辑，可以确保文档内容的正确性。另外，也可以对文档的字体格式和段落格式进行设置，使文档的排版和布局更加规范。下面先对文档内容进行复制、查找和替换，然后对文本字体格式、段落格式等进行设置，其具体操作如下。

　　（1）选择"南银商贸有限公司"文本，单击【开始】/【剪贴板】组中的"复制"按钮，如图1-13所示。

　　（2）将文本插入点定位到"主送"文本下方的空行中，单击"剪贴板"组中的"粘贴"按钮下方的下拉按钮，在弹出的下拉列表中选择"只保留文本"选项，即可将复制的文本无格式粘贴至文本插入点处，如图1-14所示。

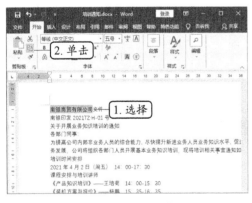

图1-13　复制文本

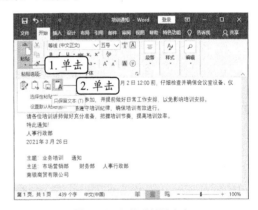

图1-14　无格式粘贴文本

多学一招　　　　　　　　　　选择性粘贴

　　在"粘贴"下拉列表中选择"选择性粘贴"选项，打开"选择性粘贴"对话框，在"形式"列表框中提供了更多的粘贴选项。复制的对象不同，显示的粘贴选项会有所不同，选择需要的粘贴选项，单击 确定 按钮，即可按照选择的形式粘贴。

（3）使用相同的方法将"2021年3月26日"文本复制粘贴到"南银商贸有限公司"文本后。

（4）按【Ctrl+H】组合键打开"查找和替换"对话框，在"替换"选项卡的"查找内容"下拉列表框中输入中文状态下的"："，在"替换为"下拉列表框中输入英文状态下的"："，单击 查找下一处(F) 按钮，如图1-15所示。

（5）从文档首行开始查找中文状态下的"："，并以灰色底纹突出显示查找的内容。当查找到需要替换的中文状态下的"："时，单击 替换(R) 按钮进行替换，如图1-16所示。

图1-15 设置查找和替换内容

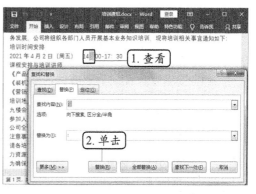

图1-16 对查找的内容进行替换

（6）单击 查找下一处(F) 按钮继续查找，如果需要替换，就单击 替换(R) 按钮，如果不需要替换，就单击 查找下一处(F) 按钮继续查找。查找完成后，在打开的"是否继续从头搜索"提示对话框中单击 否(N) 按钮，如图1-17所示。

（7）返回"查找和替换"对话框，单击 关闭 按钮关闭该对话框。在文档中选择"南银商贸有限公司文件"文本，在【开始】/【字体】组中将字体设置为"方正兰亭纤黑简体"，字号设置为"二号"，字体颜色设置为"红色"，单击【开始】/【段落】组中的"居中"按钮 ≡，将文本对齐方式设置为居中对齐，如图1-18所示。

图1-17 完成查找和替换

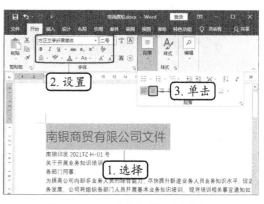

图1-18 设置字体格式和对齐方式

（8）使用相同的方法对文档中其他部分文本的字体、字号和对齐方式进行设置，设置完成后选择前3行，单击"段落"组中的"行和段落间距"按钮 ≡，在弹出的下拉列表中选择"3.0"选项，如图1-19所示。

（9）使用相同的方法将最后3行的行距设置为"1.5"。

（10）选择"各部门同事："至"主题："中间的所有段落，单击"段落"组右下角的对话框启动器按钮 ，打开"段落"对话框，在"特殊"下拉列表框中选择"首行"选项，在"行距"下拉列表框中选择"多倍行距"选项，在"设置值"数值框中输入"1.2"，如图1-20所示。

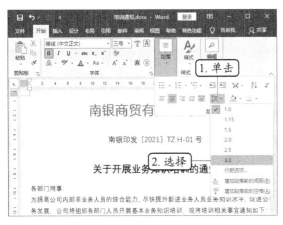

图1-19　设置段落行距　　　　　　　　　　　图1-20　设置首行缩进和行距

（11）单击 确定 按钮，返回文档可看到所选段落首行缩进两个字符，并且行间距也增大了。

（三）添加项目符号和编号

微课视频

添加项目符号和编号

为了使段落之间的层次更加清晰，可以为多个有关联的段落添加项目符号和编号，其具体操作如下。

（1）按住【Ctrl】键拖曳鼠标选择"培训时间安排""课程安排与培训讲师""培训地点""参加人员""注意事项"段落，单击【开始】/【段落】组中"编号"按钮 ≡ 右侧的下拉按钮 ，在弹出的下拉列表中选择"一、二、三……"编号样式，将其应用到所选择的段落中，如图1-21所示。

（2）选择"注意事项"下的5个连续段落，在"编号"下拉列表中选择"1）、2）、3）……"编号样式，将其应用于所选段落。

（3）选择"课程安排与培训讲师"段落下的3个连续段落，单击【开始】/【段落】组中"项目符号"按钮 ≡ 右侧的下拉按钮 ，在弹出的下拉列表中选择"定义新项目符号"选项，如图1-22所示。

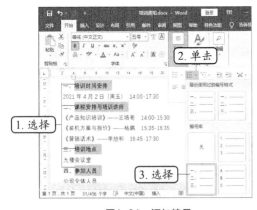

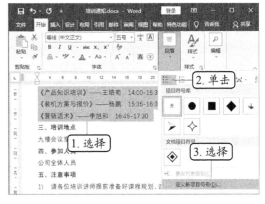

图1-21　添加编号　　　　　　　　　　图1-22　选择"定义新项目符号"选项

（4）打开"定义新项目符号"对话框，单击 符号(S) 按钮，如图1-23所示。

（5）打开"符号"对话框，在"字体"下拉列表框中选择"Wingdings 2"选项，在下方的列表框中选择"◈"符号，单击 确定 按钮，如图1-24所示。

（6）返回"定义新项目符号"对话框，单击 确定 按钮，返回文档可看到所选段落添加的自定义项目符号效果，如图1-25所示。

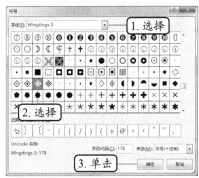

图1-23　单击按钮　　　　　图1-24　选择符号　　　　　　　图1-25　查看项目符号效果

（四）添加边框和底纹

在编辑文档时，还可以添加边框和底纹来突出显示文档中的重要内容。在Word中，既可以直接添加内置的边框样式，还可以根据需要自定义边框。下面为文档个别段落添加需要的边框和底纹，其具体操作如下。

（1）选择"南银印发〔2021〕TZ H-01号"所在的段落，单击【开始】/【段落】组中"边框"按钮[] 右侧的下拉按钮，在弹出的下拉列表中选择"边框和底纹"选项，如图1-26所示。

（2）打开"边框和底纹"对话框，在"边框"选项卡左侧的"设置"栏中选择"自定义"选项，在"颜色"下拉列表框中选择"红色"选项，在"宽度"下拉列表框中选择"1.5磅"选项，单击"预览"栏中的[]按钮，为段落添加下框线，单击 确定 按钮，如图1-27所示。

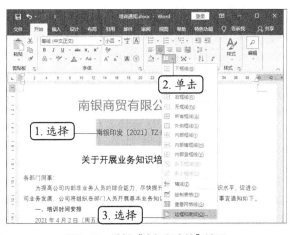

图1-26　选择"边框和底纹"选项

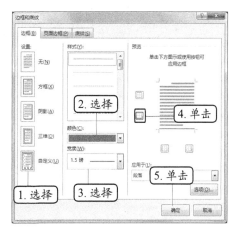

图1-27　自定义边框

（3）选择文档最后3行，打开"边框和底纹"对话框，在"边框"选项卡中为所选段落添加内框线和下框线。

（4）单击"底纹"选项卡，在"填充"下拉列表框中选择"白色，背景1，深色15%"选项，在"应用于"下拉列表框中选择"段落"选项，如图1-28所示。

（5）单击 确定 按钮，返回文档，可查看添加的边框和底纹效果，如图1-29所示，完成本任务的制作。

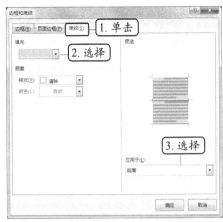

图1-28　添加底纹

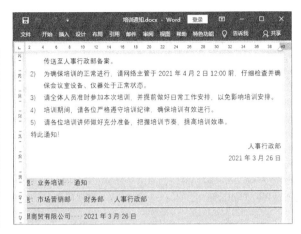

图1-29　查看边框和底纹效果

任务二　制作"产品介绍"文档

宣传推广产品时，产品介绍非常重要，不仅要说明产品是什么，还要起到宣传企业形象、塑造品牌价值的作用。产品介绍的形式多样，可以是简单的文字描述，也可以是图片+文字的描述。

一、任务目标

本任务将对"产品介绍"文档进行编排，主要涉及页面边框、页面颜色和水印等知识。通过对本任务进行学习，读者可以掌握文档的编排方法。本任务制作完成后的最终效果如图1-30所示。

图1-30　"产品介绍"文档

素材所在位置　素材文件\项目一\产品介绍.docx

效果所在位置　效果文件\项目一\产品介绍.docx

二、相关知识

本任务在编排文档时，会涉及页面设置、水印设置，以及页面颜色设置的知识和操作，下面进行简单介绍。

（一）设置文档页面的作用

页面设置主要包括页边距、纸张方向和纸张大小3个方面，主要作用是改变页面的大小和规划工作区域。

- **页边距：** 是指页面边缘到工作区域的距离，页边距分为上、下、左、右4个方向，如果文档页数较多，需要装订，则可设置页边距来设置装订空间。
- **纸张方向：** 是指页面的方向，分为横向和纵向两种。Word 2016默认是纵向页面，但有些文档要求横向页面，为了充分利用纸张资源，需要根据需求合理调整纸张方向。
- **纸张大小：** 是指纸张的大小规格，用户可以根据文档内容的多少或打印机的型号来设置纸张的大小。Word既内置了很多不同规格的纸张大小，也可以根据需要自定义纸张大小，较为常用的是Word默认的A4规格的纸张大小。

不同文档对页边距、纸张方向和纸张大小的要求不一样，用户应该根据实际需要进行设置。

（二）Word的两种水印

水印是指将文字或图片以水印的方式设置为页面背景。Word的水印分为文字水印和图片水印两种。

- **文字水印：** 多用于说明文件的属性，起到提示文档性质以及进行相关说明的作用。机密、严禁复制、紧急、尽快等文字常用作文字水印。
- **图片水印：** 多用于修饰文档，较为常见的是将公司Logo设置为图片水印，从而保护文档版权，并起到宣传推广的作用。

（三）设置页面颜色

Word默认的背景颜色为白色，为了使文档页面更加美观，可以通过设置页面颜色来改变文档的整体效果。Word提供了纯色填充、渐变填充、纹理填充、图案填充和图片填充等5种填充方式。

- **纯色填充：** 是指使用一种颜色对页面背景进行填充。其方法为：单击【设计】/【页面背景】组中的"页面颜色"按钮，在弹出的下拉列表中选择需要的颜色进行填充。
- **渐变填充：** 是指使用两种或两种以上颜色进行填充。其方法为：在"页面颜色"下拉列表中选择"填充效果"选项，打开"填充效果"对话框，在"渐变"选项卡的"颜色"栏中设置渐变颜色；在"底纹样式"栏中选择渐变样式；在"变形"栏中设置渐变的变形效果，设置完成后，单击 确定 按钮，如图1-31所示。

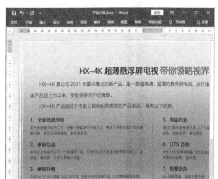

图1-31　渐变填充设置及效果

- **纹理填充：** 是指使用Word提供的一些纹理样式进行填充。其方法为：在"填充效果"对话框中单击"纹理"选项卡，在其中选择需要的纹理样式即可。
- **图案填充：** 是指使用Word提供的一些图案样式进行填充，也可根据需要对图案背景色和前景色进行设置。其方法为：在"填充效果"对话框中单击"图案"选项卡，在其中选择需要的图案样式，再设置图案的前景色和背景色。图1-32所示为使用图案填充的效果。
- **图片填充：** 是指使用计算机中保存的图片或在网络中搜索到的图片进行填充。其方法为：

在"填充效果"对话框中单击"图片"选项卡，单击 选择图片(L) 按钮，在打开的对话框中搜索网络中的图片或选择计算机中的图片进行填充。图1-33所示为使用图片填充的效果。

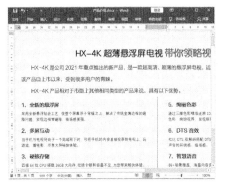

图1-32　图案填充效果

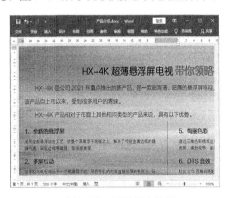

图1-33　图片填充效果

三、任务实施

（一）设置文档版面

比较正式的办公文档对文档纸张方向、纸张大小和页边距都有具体的要求，而"产品介绍"文档可以按照正式的文档排版，也可以根据需要灵活排版。下面根据需要对版面进行设计，其具体操作如下。

（1）打开"产品介绍.docx"文档，单击【布局】/【页面设置】组中的"纸张方向"按钮，在弹出的下拉列表中选择"横向"选项，如图1-34所示。

（2）单击【布局】/【页面设置】组中的"页边距"按钮，在弹出的下拉列表中选择"窄"选项，如图1-35所示。

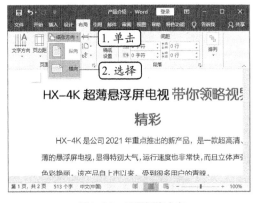

图1-34　设置纸张方向

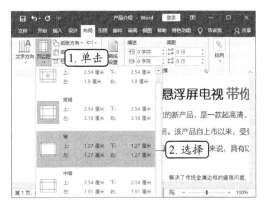

图1-35　设置页边距

（3）单击【布局】/【页面设置】组右下角的对话框启动器按钮，打开"页面设置"对话框，单击"纸张"选项卡，在"纸张大小"下拉列表框中选择"自定义大小"选项，在"高度"数值框中输入"19厘米"，如图1-36所示。

（4）单击 确定 按钮，返回文档可查看设置的页面效果。

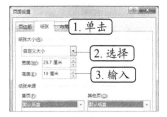

图1-36　自定义纸张大小

多学一招　　　　　　　　　　　自定义页边距的技巧

　　在"页面设置"对话框中单击"页边距"选项卡，可在"上""下""左""右"数值框中分别输入距离页面边线的距离，单击 确定 按钮完成自定义页边距设置。

（二）分栏排版文档

为了使页面版面饱满，可以将文档中的产品优势内容分为两栏显示，使文档更加生动、有趣。分栏排版文档的具体操作如下。

（1）选择"1. 全新的悬浮屏"至文档末尾，单击【布局】/【页面设置】组中的"栏"按钮🔲，在弹出的下拉列表中选择"更多栏"选项，如图1-37所示。

（2）打开"栏"对话框，在"栏数"数值框中输入"2"，在"间距"数值框中输入"6字符"，选中"分隔线"复选框，如图1-38所示。

微课视频
分栏排版文档

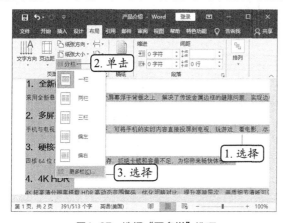

图1-37　选择"更多栏"选项　　　　　　　图1-38　设置分栏

（3）单击 确定 按钮，返回文档可看到所选段落已被分隔成两栏，如图1-39所示。

（三）设置文档页面背景

用户可以根据需要对文档的页面背景进行设置，如添加页面水印、设置页面填充色及页面边框等，使文档的整体效果更加美观。设置"产品介绍"文档页面背景的具体操作如下。

微课视频
设置文档页面背景

图1-39　查看分栏效果

（1）单击【设计】/【页面背景】组中的"页面颜色"按钮🔲，在弹出的下拉列表中选择"其他颜色"选项，如图1-40所示。

（2）打开"颜色"对话框，单击"自定义"选项卡，在"红色"数值框中输入"74"，在"绿色"数值框中输入"199"，在"蓝色"数值框中输入"244"，单击 确定 按钮，如图1-41所示。

（3）单击【设计】/【页面背景】组中的"页面边框"按钮🔲，打开"边框和底纹"对话框，在"页面边框"选项卡中的"艺术型"下拉列表框中选择需要的艺术型边框样式，在"颜色"下拉列表框中选择"白色，背景色1"选项，单击 选项(O)... 按钮，如图1-42所示。

（4）打开"边框和底纹选项"对话框，在"边距"栏的"上""下""左""右"数值框中输入"0磅"，单击 确定 按钮，如图1-43所示。

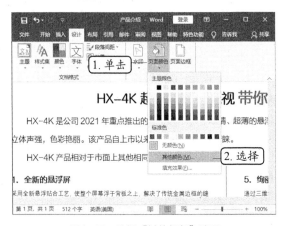

图1-40　选择"其他颜色"选项

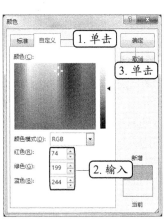

图1-41　自定义颜色

图1-42　添加页面边框

图1-43　设置边框距离

（5）单击"边框和底纹"对话框的 确定 按钮返回文档，单击【设计】/【页面背景】组中的"水印"按钮，在弹出的下拉列表中选择"自定义水印"选项，如图1-44所示。

（6）打开"水印"对话框，选中"文字水印"单选按钮，在"文字"下拉列表框中选择水印文字"初稿"，在"字号"下拉列表框中选择"120"选项，在"颜色"下拉列表框中选择"白色，背景1"选项，单击 确定 按钮，如图1-45所示。

（7）在文档页眉处双击，进入页眉页脚编辑状态。将文本插入点定位到页眉处，单击【开始】/【字体】组中的"清除所有格式"按钮，删除添加水印时在页眉处自动添加的横线，完成"产品介绍"文档的编排。

知识提示　　　　　　　　**删除水印**

　　　　在"水印"下拉列表框中选择"删除水印"选项，可删除文档中所有页面中的水印。

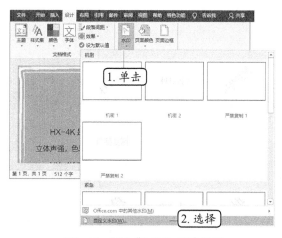
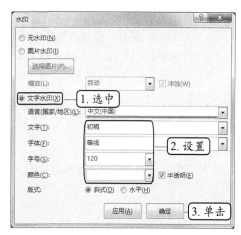

图1-44　选择"自定义水印"选项　　　　图1-45　添加文字水印

实训一　制作"劳动合同"文档

【实训要求】

本实训要求运用本章所学知识制作一份"劳动合同"文档，并通过文字水印标记出文档的作用。

【实训思路】

本实训在制作劳动合同文档时，首先设置文档页边距，在文档中输入合同内容，并对文档内容的字体格式和段落格式进行设置，然后为文档的部分内容设置分栏，再为段落添加需要的项目符号，最后为页面添加文字水印。参考效果如图1-46所示。

图1-46　"劳动合同"文档

素材所在位置　素材文件\项目一\劳动合同内容.txt

效果所在位置　效果文件\项目一\劳动合同.docx

【步骤提示】

（1）启动Word 2016，新建一个名为"劳动合同"的空白文档，设置文档上、下页边距均为"2厘米"，左、右页边距设置均为"1.6厘米"。

（2）在文档中输入劳动合同内容，为文档内容设置合适的字体格式和段落格式，在需要填写的内容处添加下画线。

（3）将用人单位和职工的基本信息段落、落款段落设置为双栏排版。

（4）为文档中的部分段落添加Word内置的编号，当需要重新编号时，在编号上单击鼠标右键，在弹出的快捷菜单中选择"重新开始于一"命令。

（5）为文档页面添加自定义的文字水印。

实训二　制作"活动策划方案"文档

【实训要求】

本实训要求运用本章所学的页面设置、分栏、页面颜色等知识，对"活动策划方案"文档进行编排。

【实训思路】

本实训对文档进行排版时，可以先对文档页面进行设置，然后对文档内容进行分栏，最后设置文档的页面效果。参考效果如图1-47所示。

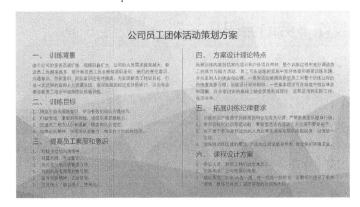

图1-47　"活动策划方案"文档

素材所在位置　素材文件\项目一\背景.jpg、活动策划方案.docx

效果所在位置　效果文件\项目一\活动策划方案.docx

【步骤提示】

（1）打开"活动策划方案.docx"文档，设置页面方向为"横向"，页边距为"中等"，页面大小为"29.7厘米×19厘米"。

（2）将除标题以外的内容的间距设置为"6"，并将文档段落设置为双栏排版。

（3）使用图片"背景.jpg"作为页面背景。

课后练习

（1）本练习将制作"工作简报"文档，效果如图1-48所示。在制作过程中，需要对文档的字体格式、段落格式、编号、边框等进行相应的设置。

素材所在位置　素材文件\项目一\工作简报.txt

效果所在位置　效果文件\项目一\工作简报.docx

图1-48 "工作简报"文档

（2）本练习将对"招聘简章"文档进行编排，效果如图1-49所示。在编排过程中，除了要对字体、字号、加粗、字体颜色、对齐方式、段前段后间距、首行缩进等格式进行设置外，还需要对项目符号、编号、边框、底纹以及页边距和页面颜色进行设置。

素材所在位置 素材文件\项目一\招聘简章.docx

效果所在位置 效果文件\项目一\招聘简章.docx

图1-49 "招聘简章"文档

技能提升

1. 输入10以上的带圈格式的数字

单击【开始】/【字体】组中的带圈字符按钮㉕可以输入两位数（10及以上）的带圈格式的数字，但10以上的数字在圈中显得很拥挤，且不能完全圈住。那么，怎样才能在Word文档中输入10以上的带圈格式的数字呢？其实方法很简单，例如，要输入带圈格式的数字11，只需要输入"246A"，再按【Alt+X】组合键，输入的"246A"将转换为⑪，要输入带圈格式的数字12，只需要输入"246B"，再按【Alt+X】组合键即可，以此类推。

2. 快速插入公式

在制作数学、化学和物理等方面的文档时，经常会涉及公式，此时可以通过Word 2016的插入新公式功能快速插入需要的公式。其方法是：将文本插入点定位到需要插入公式的位置，单击【插入】/【符号】组中"公式"按钮π下方的下拉按钮▾，在弹出的下拉列表中选择"墨迹公式"选项，打开"数学输入控件"对话框，在黄色的区域按住鼠标左键输入公式，上方的文本框中将识别并显示输入的公式，如果输入错误，还可通过下方的"擦除"按钮✐擦除。输入完成后单击 插入 按钮，公式将插入文档中，并激活公式工具"设计"选项卡，如图1-50所示。

3. 使用格式刷复制格式

对文档格式进行设置时，如果需要为文档中的其他文本应用已设置好的文本格式，则可使用格式刷进行复制，并将其应用到其他文本或段落中。其方法是：选择

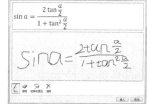

图1-50 书写公式

已经设置好格式的文本或段落，双击【开始】/【剪贴板】组中的"格式刷"按钮 ✔，此时鼠标指针变成 ✔ 形状，拖曳鼠标选择需要应用格式的文本或段落，即可将复制的格式应用到选择的文本或段落中。如果是单击"格式刷"按钮 ✔，则只能应用一次复制的格式；如果是双击，则可多次应用。

4. 巧用多级列表

在制作文档时，文档中经常会遇到含有多个层级的段落，为了能清晰体现出段落之间的层级关系，需要为不同层级的段落添加相应的编号。在Word 2016中，利用多级列表功能可快速为不同层级的段落添加指定的编号。其方法是：选择需要添加多级列表的段落，单击【开始】/【段落】组中的"多级列表"按钮，在弹出的下拉列表中有多种多级列表样式，如图1-51所示，选择需要的多级列表样式，即可将其应用于选择的段落中。

如果内置的多级列表样式不能满足需要，则可在"多级列表"下拉列表中选择"定义新的多级列表"选项，打开"定义新多级列表"对话框，如图1-52所示。在"单击要修改的级别"列表框中可选择需要修改的段落级别；在"编号格式"栏中可对编号样式、编号格式进行设置；在"位置"栏中可对编号的对齐方式、文本缩进位置等进行设置。

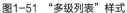

图1-51 "多级列表"样式　　　　图1-52 定义新多级列表

知识提示　　　　　　　　　　**多级列表应用注意事项**

为段落应用多级列表之前，必须保证所选段落的级别正确，在设置级别时，可以按【Tab】键进行设置，每按一次【Tab】键，段落将下降一个级别。

5. 利用双行合一制作联合文件

对于企业或政府来说，经常需要制作多部门或多单位联合发文的红头文件，此时就会用到Word 2016的双行合一功能，将需要两行显示的内容合并成一行显示。其方法是：将文本插入点定位到文档中，单击【开始】/【段落】组中的"中文版式"按钮 X⁺，在弹出的下拉列表中选择"双行合一"选项，打开"双行合一"对话框，在"文字"文本框中输入需要双行显示的文字，选中"带括号"复选框，在"括号样式"下拉列表中选择需要的括号样式，单击 确定 按钮，如图1-53所示。文本虽然是两行显示的，但其实只占一行。

图1-53 设置双行合一

项目二

Word 对象的添加与使用

情景导入

米拉用Word制作了一份关于劳动节的活动海报，准备请老洪提意见，但老洪只是扫了一眼，就对米拉说，海报不仅要求内容简洁、主题明确，还要合理地利用图片、形状、文本框、艺术字、表格等对象进行美化和排版，这样才能吸引观众的注意力。于是米拉开始了Word对象添加与使用的学习。

学习目标

- 掌握制作"宣传海报"文档的方法。
  如插入图片、调整与美化图片、插入与编辑形状、绘制与编辑文本框等。
- 掌握制作"组织结构图"文档的方法。
  如插入SmartArt图形、编辑与美化SmartArt图形等。
- 掌握完善"市场调查报告"文档的方法。
  如插入表格、设置单元格、设置单元格行高和列宽、插入图表、编辑与美化图表等。

素养目标

培养规则意识，寻找更高效的方法解决问题。

案例展示

▲ "宣传海报"文档   ▲ "市场调查报告"文档

任务一　制作"宣传海报"文档

海报因画面美观、视觉冲击力强和表现力强等特点，被广泛应用于各种宣传中，如产品宣传、活动宣传、文化宣传、企业宣传等，其目的是展示企业形象，提高企业和品牌的知名度，带动产品销售。在设计海报时，用户可以根据制作海报的目的来确定海报的主题和内容。

一、任务目标

本任务将使用Word制作一份关于旅游推广的"宣传海报"文档，需要运用图片、形状、文本框等图形对象来灵活排版，使海报的整体效果更具视觉冲击力和设计感。通过学习本任务，读者可掌握图文混排类文档的制作方法。本任务制作完成后的效果如图2-1所示。

图2-1　"宣传海报"文档

素材所在位置　素材文件\项目二\海报\

效果所在位置　效果文件\项目二\宣传海报.docx

二、相关知识

在编辑图形对象时，经常会涉及图片的环绕方式设置、形状顶点的编辑、对象的排列等相关知识，下面进行简单介绍。

（一）图片的环绕方式设置

图片是制作图文混排类文档必不可少的元素，在Word中，图片默认是以嵌入的方式插入文档中的，不能随意拖曳，要想灵活排版文档中的图片，就必须对图片的环绕方式进行设置。Word提供了嵌入型、四周型、紧密型环绕、穿越型环绕、上下型环绕、衬于文字下方和浮于文字上方7种环绕方式，各环绕方式介绍如下。

- **嵌入型**：它是Word默认的图片环绕方式，不能随意拖曳或调整图片的位置，图片左右两侧都可以输入文字，且该行文字与图片所占的高度一样。
- **四周型**：可以在文档编辑区随意拖曳图片，图片本身占用一个矩形空间，而图片周围的文字将围绕图片的矩形空间环绕，如图2-2所示。
- **紧密型环绕**：与四周型一样，可随意拖曳图片，并且图片周围的文字将会紧密环绕在图片周围。
- **穿越型环绕**：该环绕方式与紧密型环绕效果区别不大，如果图片不是规则的图形（有凹陷时），设置为穿越型环绕时会有部分文字在图片凹陷的地方显示。
- **上下型环绕**：图片位于文字的中间，且单独占用数行位置，也可以上下、左右拖曳调整图片的位置，如图2-3所示。
- **衬于文字下方**：图片位于文字下方，可随意移动图片位置，图片上会显示部分文字，如图2-4所示。
- **浮于文字上方**：图片位于文字上方，会遮挡住部分文字，如图2-5所示。

图2-2　四周型

图2-3　上下型环绕

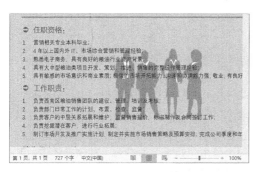

图2-4　衬于文字下方

图2-5　浮于文字上方

（二）形状顶点的编辑

Word内置了很多形状，用户可以直接选择，但当内置的形状不能满足当前文档的需要时，可以绘制一个相似的形状，然后编辑该形状顶点，将该形状变成一个新的形状。其方法是：单击【插入】/【插图】组中的"形状"按钮，在弹出的下拉列表中选择一个与目标形状类似的形状，在文档中拖曳鼠标绘制出一个大小合适的形状，绘制完成后，在形状上单击鼠标右键，在弹出的快捷菜单中选择"编辑顶点"命令，如图2-6所示；此时，形状上显示出所有的顶点，单击任意一个顶点，该顶点对应的两条边上将分别出现一个□图标，将鼠标指针移动到该图标上，按住鼠标左键不放并拖曳鼠标，如图2-7所示。

除此之外，在形状顶点上单击鼠标右键，在弹出的快捷菜单中提供了各种编辑形状顶点的命令，可对顶点进行对应的编辑，如图2-8所示。编辑完成后，在形状以外的区域单击，将退出形状顶点的编辑状态，如图2-9所示。

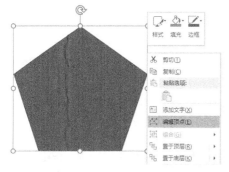

图2-6　选择"编辑顶点"命令

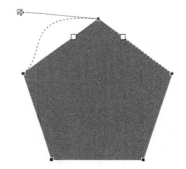

图2-7　调整顶点对应边的位置

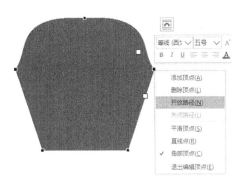

图2-8　选择顶点命令

图2-9　查看形状效果

（三）对象的排列

本任务涉及多个图片、形状、文本框等对象的使用，要想使页面排版和布局合理、美观，就需要灵活地排列这些对象。对象的排列包括对齐方式、叠放顺序、旋转角度等。

- **对齐方式：** 对齐是多个对象排列必须遵循的一个原则。Word提供了左对齐、右对齐、顶端对齐、水平居中、垂直居中、底端对齐、横向分布、纵向分布共8种对齐方式供用户选择。对齐对象的方法是：在文档中选择图片（嵌入的图片除外）、形状或文本框等需要对齐的多个对象，在【图表工具 格式】/【排列】组中单击"对齐"按钮，在弹出的下拉列表中选择需要的对齐方式，所选对象将按照所选对齐方式进行排列。

- **叠放顺序：** 当多个对象排列在同一位置时，不同的叠放顺序会带来不一样的效果。Word提供了上移一层、下移一层、置于顶层、置于底层、浮于文字上方、衬于文字下方共6种叠放顺序供用户选择。设置对象叠放顺序的方法是：在对象上单击鼠标右键，在弹出的快捷菜单中选择"置于底层"或"置于顶层"命令，在弹出的子菜单中选择需要的命令，所选对象将按照选择的叠放顺序进行排列。

- **旋转角度：** 旋转角度是指以对象的中心旋转一定的角度。设置对象旋转角度的方法是：选择对象，在【图表工具 格式】/【排列】组中单击"旋转"按钮，在弹出的下拉列表中选择需要的旋转角度，或者选择"其他旋转选项"选项，打开"布局"对话框，在"大小"选项卡中的"旋转"数值框中输入旋转角度，单击 确定 按钮。

多学一招　　　　　　**使用选择窗格快速选择对象的技巧**

单击"排列"组中的"选择窗格"按钮，打开"选择窗格"任务窗格，其中将显示文档中所有对象的名称，单击某个名称，即可在文档中选择该名称对应的对象。

三、任务实施

（一）插入与编辑图片

微课视频

插入与编辑图片

下面在文档中插入需要的图片，并对图片的环绕方式、大小、位置、颜色、图片效果等进行编辑，其具体操作如下。

（1）启动Word 2016，新建一个"宣传海报"空白文档，将纸张方向设置为"横向"，单击【插入】/【插图】组中的"图片"按钮。

（2）打开"插入图片"对话框，在"地址"栏中设置图片的保存位置，选择"背景"选项，单击 插入(S) 按钮，如图2-10所示。

（3）选择插入文档中的"背景"图片，单击【图片工具 格式】/【排列】组中的"环绕文字"按钮，在弹出的下拉列表中选择"衬于文字下方"选项，如图2-11所示。

图2-10　选择图片插入

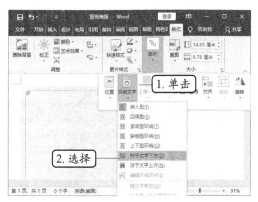

图2-11　设置图片环绕方式

（4）将图片移至页面左上角，按住鼠标左键不放向页面右下角拖曳，调整图片的大小，使图片铺满整个页面。

（5）在文档中插入"古城"图片，将图片环绕方式设置为"浮于文字上方"，再单击【图片工具 格式】/【调整】组中的"颜色"按钮，在弹出的下拉列表中选择"设置透明色"选项，如图2-12所示。

（6）此时，鼠标指针变成形状，将鼠标指针移动到"古城"图片的白色背景处单击，图片中的白色背景将变为透明色，然后在【图片工具 格式】/【大小】组的"高度"数值框中输入"20.84厘米"，如图2-13所示。

（7）按【Enter】键，将根据输入的高度值等比例调整图片的大小，将"古城"图片移动到页面下方合适的位置。

图2-12　选择"设置透明色"选项

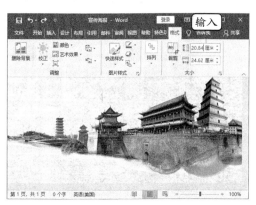

图2-13　调整图片大小

知识提示　　　　　　　　　**设置图片背景为透明色的注意事项**

　　使用"设置透明色"功能将图片背景设置为透明色时，只能将图片中的纯色背景设置为透明色。

（8）在文档中插入"秦兵马俑"图片，将图片环绕方式设置为"衬于文字下方"，再单击"大小"组中"裁剪"按钮下方的下拉按钮，在弹出的下拉列表中选择"纵横比"选项，在弹出的子列表中选择"4:5"选项，如图2-14所示。

（9）按照选择的裁剪比例裁剪图片，在文档空白区域单击，退出裁剪状态。再次选择"秦兵马俑"图片，在"裁剪"下拉列表中选择"裁剪为形状"选项，在弹出的子列表中选择"流程图：手动操作"选项，将图片裁剪为选择的形状，如图2-15所示。

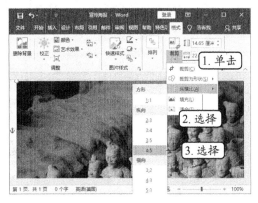

图2-14　裁剪图片　　　　　　　　　　图2-15　将图片裁剪为选择的形状

（10）保持图片的选择状态，单击【图片工具 格式】/【调整】组中的"颜色"按钮，在弹出的下拉列表中选择"重新着色"栏中的"冲蚀"选项，如图2-16所示。

（11）保持图片的选择状态，单击【图片工具 格式】/【图片样式】组中的"图片效果"按钮，在弹出的下拉列表中选择"柔化边缘"选项，在弹出的子列表中选择"5磅"选项，如图2-17所示。

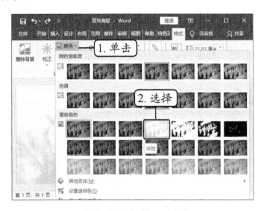

图2-16　调整图片颜色　　　　　　　　图2-17　设置图片效果

（12）将"秦兵马俑"图片调整到合适的大小和位置，然后在文档中插入"艺术字"图片，将图片环绕方式设置为"浮于文字上方"，图片背景设置为"透明色"，再将图片调整到合适的大小和位置。

（二）插入与编辑形状

微课视频
插入与编辑形状

在宣传海报中，形状既可以承载文字内容，又可以装饰美化文档，下面在文档中插入形状，并对形状的填充、轮廓和效果进行设置，其具体操作如下。

（1）单击【插入】/【插图】组中的"形状"按钮，在弹出的下拉列表中选择"圆角矩形"选项，如图2-18所示。

（2）拖曳鼠标在"艺术字"图片下方绘制一个圆角矩形，将鼠标指针移至矩形左上角的黄色圆点上，按住鼠标左键不放向右拖曳，调整矩形圆角的大小，如图2-19所示。

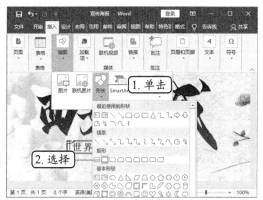

图2-18　选择形状

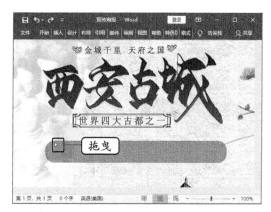

图2-19　调整矩形圆角的大小

多学一招　　　　　　　　　　　**更改形状**

选择形状，单击【绘图工具 格式】/【插入形状】组中的"编辑形状"按钮，在弹出的下拉列表中选择"更改形状"选项，在弹出的子列表中选择需要的形状，即可更改选择的形状。

（3）选择形状，单击【绘图工具 格式】/【形状样式】组中"形状填充"按钮右侧的下拉按钮，在弹出的下拉列表中选择"其他填充颜色"选项，如图2-20所示。

（4）打开"颜色"对话框，单击"自定义"选项卡，在"红色"数值框中输入"100"，在"绿色"数值框中输入"7"，在"蓝色"数值框中输入"5"，单击 确定 按钮，如图2-21所示。

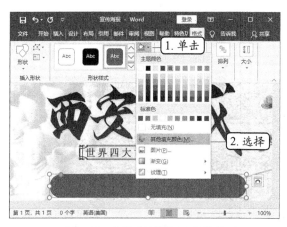

图2-20　选择"其他填充颜色"选项

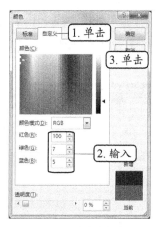

图2-21　自定义颜色

（5）保持形状的选择状态，单击"形状样式"组中"形状轮廓"按钮右侧的下拉按钮，在弹出的下拉列表中选择"无轮廓"选项，如图2-22所示。

（6）单击"形状样式"组中的"形状效果"按钮，在弹出的下拉列表中选择"阴影"选项，在弹出的子列表中选择"偏移:左下"选项应用于形状中，如图2-23所示。

图2-22　取消形状轮廓　　　　　　　　　　图2-23　设置形状阴影效果

（三）插入与编辑文本框

在制作非正式的Word文档时，经常需要借助文本框来输入文本内容，其具体操作如下。

（1）单击【插入】/【文本】组中"文本框"按钮下方的下拉按钮，在弹出的下拉列表中选择"绘制横排文本框"选项，如图2-24所示。

（2）拖曳鼠标在形状下方绘制一个文本框，输入文本内容"千年古城人文之行　领略世界文化遗产"。

（3）选择文本框，在"形状样式"组中单击列表框右侧中间的按钮，显示出其他形状样式，选择"透明-黑色，深色1"选项，如图2-25所示。

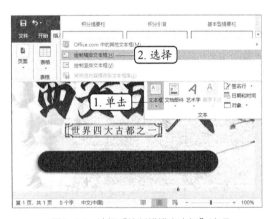

图2-24　选择"绘制横排文本框"选项　　　　图2-25　选择形状样式

多学一招　　　　　　　　　　**绘制竖排文本框**

在"文本框"下拉列表中选择"绘制竖排文本框"选项，拖曳鼠标在页面中绘制一个竖排文本框，在文本框中输入的文本内容将垂直排列。

（4）设置文本框中文本的字体为"方正兰亭黑_GBK"，字号为"小二"，字体颜色为"白色"。然后选择形状和文本框，单击【绘图工具 排列】/【排列】组中的"对齐"按钮，在弹出的下拉列表中选择"水平居中"选项，如图2-26所示。

（5）保持形状和文本框的选择状态，在"对齐"下拉列表中选择"垂直居中"选项，使文本框和形状居中对齐。

（6）复制文本框，将其粘贴到文档中，将文本框中的文本修改为：1987年，秦始皇陵及兵马俑坑被联合国教科文组织批准列入《世界遗产名录》，并被誉为"世界第八大奇迹"。并对文本框中文本的字体、字号和字体颜色进行设置。

（7）选择文本框，单击【绘图工具 格式】/【文本】组中的"文字方向"按钮 ，在弹出的下拉列表中选择"垂直"选项，如图2-27所示，文本框中的文字将垂直排列。

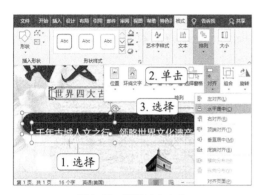

图2-26　选择对齐方式

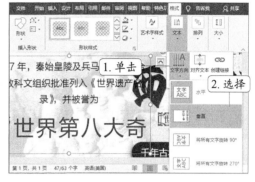

图2-27　设置文字方向

（8）选择文本框，将鼠标指针移动到文本框右下角，按住鼠标左键不放向下拖曳，调整文本框的高度，如图2-28所示。

（9）将文本框调整到合适的位置，完成"宣传海报"的制作，效果如图2-29所示。

图2-28　调整文本框高度

图2-29　查看效果

任务二　制作"组织结构图"文档

组织结构图是把企业组织分成若干部分，并且标明各部分之间可能存在的各种关系，让各部门清楚自己的职责和权力，让员工清楚公司的组成结构的一种表示方法。不同企业的组织结构图的组成部分和形式会有所不同。

一、任务目标

本任务将制作企业的组织结构图，主要用到艺术字和SmartArt图形等知识。本任务制作完成后的最终效果如图2-30所示。

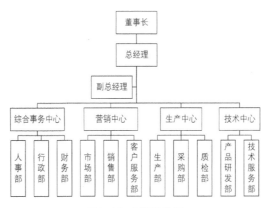

图2-30　组织结构图

 效果所在位置　效果文件\项目二\组织结构图.docx

二、相关知识

本任务在制作企业组织结构图时，会涉及SmartArt图形形状级别的设置，在Word中，设置SmartArt图形形状级别的方法有以下两种。

- **单击按钮设置：** 选择SmartArt图形中需要设置级别的形状，单击【SmartArt工具 设计】/【创建图形】组中的"升级"按钮←，所选形状将上升一个级别；单击"降级"按钮→，所选形状将下降一个级别。
- **按快捷键设置：** 选择文档中的SmartArt图形，单击"创建图形"组中的"文本窗格"按钮，打开文本窗格，如图2-31所示。在文本窗格各项目符号后输入文本可自动添加到SmartArt图形对应的形状中。另外，在文本窗格中按【Enter】键，可在所选文本对应形状的下方增加一个形状；按【Tab】键将所选文字降低一个级别；按【Shift+Tab】组合键可将所选文字提升一个级别。

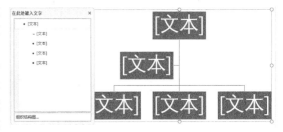

图2-31　文本窗格

三、任务实施

（一）插入与编辑艺术字

微课视频

插入与编辑艺术字

艺术字多用于文档标题和重点内容的制作，可以使文本更加美观。下面插入艺术字，并对艺术字的填充效果进行设置，其具体操作如下。

（1）新建"组织结构图"空白文档，单击【插入】/【文本】组中的"艺术字"按钮，在弹出的下拉列表中选择"填充：灰色，主题色3；锋利棱台"选项，如图2-32所示。

（2）将艺术字文本框中的文本修改为"捷通科技有限公司 组织结构图"，将字号设置为"一号"，拖曳文本框至行中间位置。

（3）选择"组织结构图"文本，单击【绘图工具 格式】/【艺术字样式】组中"文本填充"按钮▲右侧的下拉按钮▼，在弹出的下拉列表中选择"蓝-灰，文字2"选项，如图2-33所示。

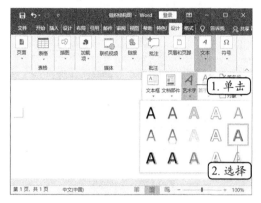

图2-32　选择艺术字样式

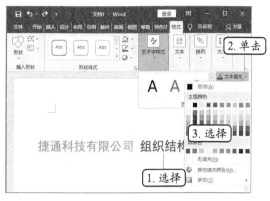

图2-33　设置艺术字填充色

（二）插入与编辑组织结构图

通过Word提供的SmartArt图形功能可快速插入组织结构图，并根据需要对组织结构图进行编辑，使组织结构图更加符合当前需要，其具体操作如下。

（1）单击【插入】/【插图】组中的"SmartArt"按钮，打开"选择SmartArt图形"对话框。在对话框左侧选择"层次结构"选项，在中间选择"组织结构图"选项，单击 确定 按钮，如图2-34所示。

（2）将组织结构图的环绕方式设置为"四周型"。选择组织结构图，拖曳至文档标题下方，然后在SmartArt图形中依次输入"总经理""副总经理""综合事务中心""营销中心""生产中心"。

（3）选择"总经理"形状，单击【SmartArt工具 设计】/【创建图形】组中"添加形状"按钮右侧的下拉按钮▼，在弹出的下拉列表中选择"在上方添加形状"选项，如图2-35所示。

微课视频

插入与编辑组织
结构图

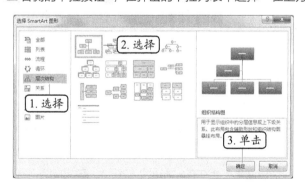

图2-34　选择SmartArt图形

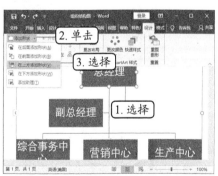

图2-35　选择"在上方添加形状"选项

（4）在添加的形状中输入"董事长"；选择"生产中心"形状，在"添加形状"下拉列表中选择"在后面添加形状"选项，如图2-36所示。

（5）在"生产中心"形状后面添加的形状中输入"质检部"，使用相同的方法继续添加需要的形状。

（6）选择"质检部"形状，单击"创建图形"组中的"降级"按钮，如图2-37所示，所选形状将下降一个级别。

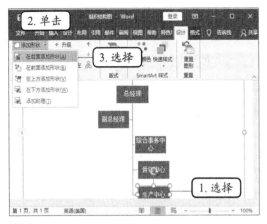

图2-36　在后面添加形状

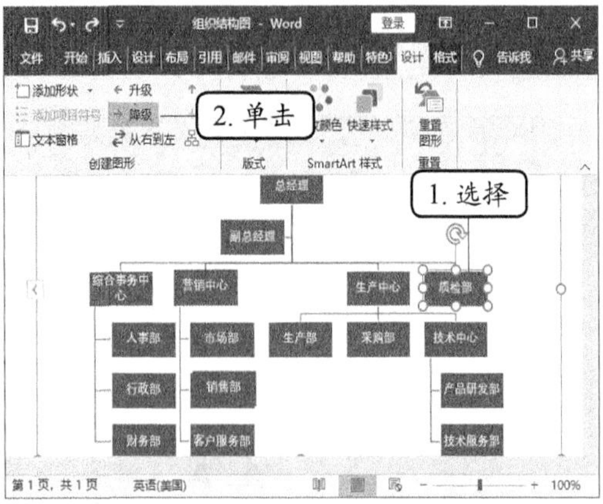

图2-37　形状降级

（7）保持"质检部"形状的选择状态，单击"创建图形"组中的"上移"按钮↑，如图2-38所示，移动到前一个形状的前面。

（8）选择"技术中心"形状，单击"创建图形"组中的"升级"按钮←，如图2-39所示，"技术中心"形状将上升一个级别。

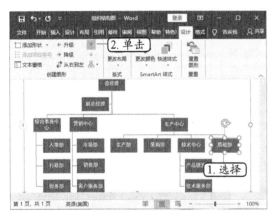

图2-38　形状上移

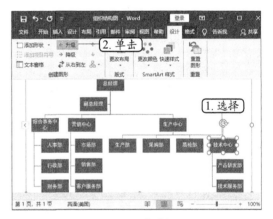

图2-39　形状升级

知识提示　　　　　　　　　　　**形状移动**

　　在本任务中，"质检部"形状本属于"生产中心"下的形状，如果不上移到"技术中心"前面，那么"技术中心"形状升级后，"质检部"形状将自动被分配到"技术中心"下，就不能将其移动到"生产中心"下了。

（9）选择"综合事务中心"形状，单击"创建图形"组中的"布局"按钮品，在弹出的下拉列表中选择"标准"选项，如图2-40所示。

（10）使用相同的方法将"营销中心""生产中心""技术中心"形状的布局都设置为"标准"。

（11）按住【Shift】键依次选择需要调整高度的形状，将鼠标指针移至形状右下角的控制点上，向右下方拖曳，调整形状的高度，如图2-41所示。

知识提示　　　　　　　**关于 SmartArt 图形中形状的布局**

　　在SmartArt组织结构图中，形状的下一级别的布局并不是固定的，它会根据SmartArt图形的大小和SmartArt图形中形状的数量自动调整布局样式。

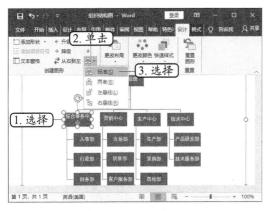

图2-40　更改形状布局

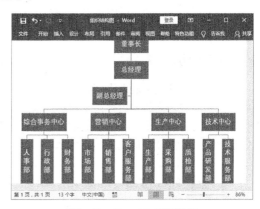

图2-41　调整形状高度

（12）按住【Shift】键选择"综合事务中心"形状，将鼠标指针移动到形状右侧中间的控制点上，按住鼠标左键不放向右拖曳，调整形状的宽度，如图2-42所示。

（13）完成编辑后的SmartArt图形如图2-43所示。

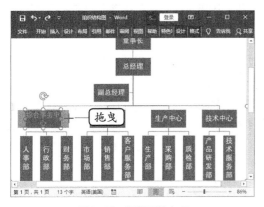

图2-42　调整形状宽度

图2-43　SmartArt图形效果

多学一招　　　　　　　　　　**快速制作 SmartArt 图形**

　　制作SmartArt图形时，可先在文档中输入SmartArt图形需要的文本内容，设置好文本的级别，然后插入SmartArt图形，打开文本窗格，将文本内容复制到文本窗格中，文本内容将自动分配到SmartArt图形的形状中，并根据文本自动添加形状。

（三）美化组织结构图

对于制作完成的SmartArt图形，还可以应用内置的SmartArt图形样式和更改颜色来达到美化的目的，其具体操作如下。

（1）选择SmartArt图形，单击【SmartArt工具 设计】/【SmartArt样式】组中的"快速样式"按钮 ，在弹出的下拉列表中选择"强烈效果"选项，如图2-44所示。

（2）保持SmartArt图形的选择状态，单击【SmartArt工具 设计】/【SmartArt样式】组中的"更改颜色"按钮，在弹出的下拉列表中选择"深色1轮廓"选项，更改SmartArt图形的整体颜色，如图2-45所示。完成本任务的制作。

微课视频

美化组织结构图

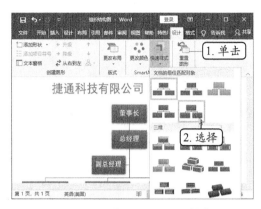

图2-44　选择SmartArt图形样式

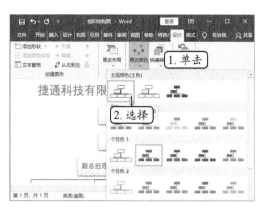

图2-45　更改SmartArt图形颜色

任务三　完善"市场调查报告"文档

市场调查报告是调查人员根据在市场中进行项目调查后收集、整理和分析得出的资料，用来确定商品需求状况的文档，即为了产品的发布或销售而进行调查工作，并在调查工作结束后制作的报告文档。本任务将通过表格和图表对文档中的数据进行展示和分析。

一、任务目标

本任务将在文档中插入表格，根据需要对表格进行编辑，然后插入图表对表格数据进行直观展示。通过本任务，读者可学习表格的插入、编辑以及图表的插入、编辑与美化等操作。本任务制作完成后的效果如图2-46所示。

 素材所在位置　素材文件\项目二\市场调查报告.docx

效果所在位置　效果文件\项目二\市场调查报告.docx

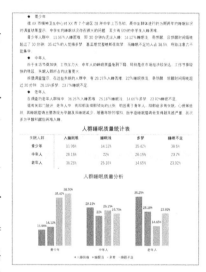

图2-46　"市场调查报告"文档

二、相关知识

在文档中使用表格来展示数据时，首先需要掌握插入表格的方法。另外，在Word中，文本和表格之间还可以通过转换来提高制作表格的效率。

（一）表格插入方法

在Word中插入表格的方法很多，常用的有通过移动鼠标指针选择插入、通过"插入表格"对话框插入和手动绘制表格3种方法，用户可以根据不同的情况来选择合适的方法快速插入。

- **通过移动鼠标指针选择插入**：将文本插入点定位到文档中需要插入表格的位置，单击【插入】/【表格】组中的"表格"按钮，在弹出的下拉列表中显示了8行10列的虚拟表格，移动鼠标指针选择需要插入表格的行数和列数后单击即可。
- **通过"插入表格"对话框插入**：将文本插入点定位到文档中需要插入表格的位置，单击【插入】/【表格】组中的"表格"按钮，在弹出的下拉列表中选择"插入表格"选项，打开"插入表格"对话框，在"列数"数值框中输入表格的列数，在"行数"数值框中输入表格的行数，如图2-47所示。

- **手动绘制表格：** 在"表格"下拉列表中选择"绘制表格"选项，此时，鼠标指针变成 形状，在文档中拖曳鼠标绘制出表格外边框，然后在左侧外框线上向右拖曳鼠标，可绘制表格的水平内框线，在上方的外框线上向下拖曳鼠标，可绘制表格的垂直内框线，如图2-48所示。

图2-47 "插入表格"对话框

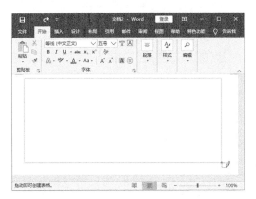

图2-48 手动绘制表格

多学一招　　　　　　　　　　**擦除错误边框线的技巧**

单击【表格工具 布局】/【绘图】组中的"橡皮擦"按钮 ，此时，鼠标指针变成 形状，将鼠标指针移动到错误的边框线上单击，即可擦除该条边框线。

（二）文本与表格之间的转换

为了更好地编辑和处理文档中的数据，Word提供了文本与表格的转换功能，可以快速将文档中的文本数据转换为表格，也可以快速将表格数据转换为文本。其转换方法如下。

- **文本转换为表格：** 在文档中选择需要转换为表格的文本数据，单击【插入】/【表格】组中的"表格"按钮 ，在弹出的下拉列表中选择"文本转换成表格"选项，打开"将文字转换为表格"对话框，在该对话框中可以对表格进行设置，设置完成后单击 确定 按钮，即可将选择的文本转换为表格。
- **表格转换为文本：** 选择表格，单击【表格工具 布局】/【数据】组中的"转换为文本"按钮 ，打开"表格转换为文本"对话框，在该对话框中完成对文本的设置后单击 确定 按钮，即可将表格转换为文本。

三、任务实施

（一）插入与编辑表格

下面在文档中插入表格，并根据需要对表格和表格中的文本进行相应的编辑，使表格更加规范，其具体操作如下。

（1）打开"市场调查报告.docx"文档，将文本插入点定位至"三、竞争对手分析"段落上方，单击【插入】/【表格】组中的"表格"按钮 ，在

微课视频

插入与编辑表格

弹出的下拉列表中移动鼠标指针选择5行5列表格，如图2-49所示。

（2）在表格单元格中输入"消费者分析"中的数据后，选择表格第1行，单击【表格工具 布局】/【合并】组中的"合并单元格"按钮，如图2-50所示，将第1行合并为一个单元格。

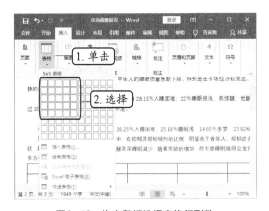

图2-49　拖曳鼠标选择表格行列数

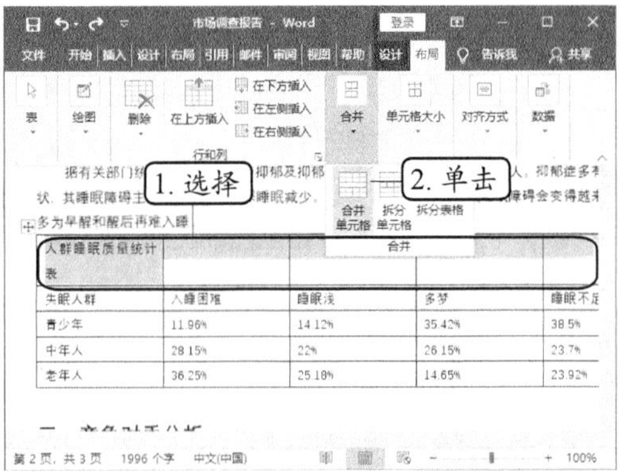

图2-50　合并单元格

（3）将表格第1行文本的字号设置为"小三"，将表格第2行文本设置为"加粗"。

（4）选择表格第2～5行，单击【表格工具 布局】/【对齐方式】组中的"水平居中"按钮，如图2-51所示。

（5）保持表格行的选择状态，在【表格工具 布局】/【单元格大小】组中的"高度"数值框中输入"0.8厘米"（使用同样方法可以设置列宽），按【Enter】键确认，如图2-52所示。

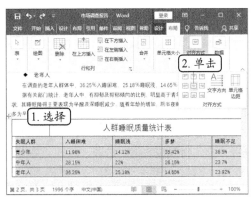

图2-51　设置对齐方式

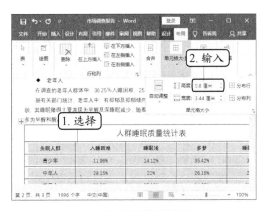

图2-52　设置单元格行高

多学一招　　　　　　　　　　　**拆分单元格的技巧**

　　　　如果需要将表格中的某个单元格拆分为几行几列，那么在表格中选择该单元格，单击"合并"组中的"拆分单元格"按钮，打开"拆分单元格"对话框，设置拆分行数和列数，单击 确定 按钮即可。

（6）选择整个表格，单击【表格工具 设计】/【表格样式】组中的"其他"按钮，在弹出的下拉列表中选择"无格式表格3"选项，如图2-53所示。

（7）设置完成后的效果如图2-54所示。

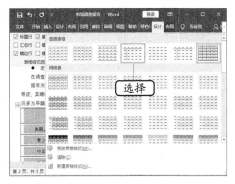

图2-53　选择表格样式

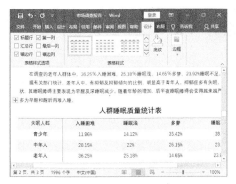

图2-54　查看表格效果

（二）插入与编辑图表

为了便于查看和分析表格中的数据，本任务还需要在表格下方插入图表进行分析，并根据需要对图表进行编辑和美化，其具体操作如下。

（1）将文本插入点定位到表格下方，单击【插入】/【插图】组中的"图表"按钮，打开"插入图表"对话框。在"柱形图"列表中选择"簇状柱形图"选项，单击 确定 按钮，如图2-55所示。

（2）插入图表后，将自动打开"Microsoft Word中的图表"窗口，复制文档表格中的第2～5行数据，并将其粘贴到"Microsoft Word中的图表"窗口的A1:E4单元格区域，如图2-56所示。

微课视频

插入与编辑图表

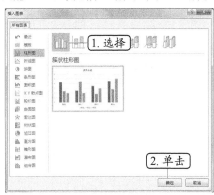

图2-55　选择图表

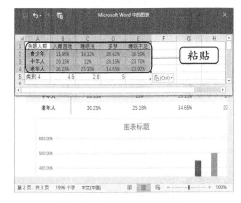

图2-56　复制粘贴图表数据

（3）选择A5:E5单元格区域，按【Delete】键删除该单元格区域中的内容。选择A1:E5单元格区域，将鼠标指针移动到E5单元格右下角，按住鼠标左键不放，向上拖曳至E4单元格，调整图表引用的数据区域，如图2-57所示。

（4）单击窗口右上角的"关闭"按钮，关闭窗口，在文档中可查看插入的图表。将图表标题修改为"人群睡眠质量分析"后，选择图表，单击【图表工具 设计】/【图表布局】组中的"添加图表元素"按钮，在弹出的下拉列表中选择"数据标签"选项，在弹出的子列表中选择"数据标签外"选项，即可在图表的每个柱形上方添加数据标签，如图2-58所示。

多学一招　　　　　　　　　　**编辑图表数据**

选择图表，单击【图表工具 设计】/【数据】组中的"编辑数据"按钮，打开"Microsoft Word中的图表"窗口，在该窗口中显示了图表中展示的数据，用户可以选择需要的数据进行修改，或者增加图表要展示的数据。

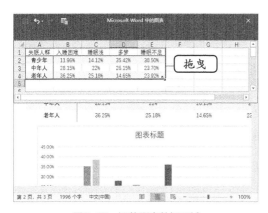

图2-57　调整图表数据区域

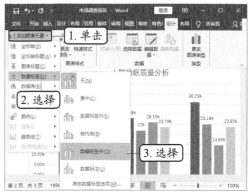

图2-58　添加数据标签

（5）保持图表的选择状态，在"添加图表元素"下拉列表中选择"坐标轴"选项，在弹出的子列表中选择"主要纵坐标轴"选项，取消图表中原有的纵坐标轴，如图2-59所示。

（6）保持图表的选择状态，单击图表右侧的"图表元素"按钮，在弹出的列表中取消选中"网格线"复选框，如图2-60所示。

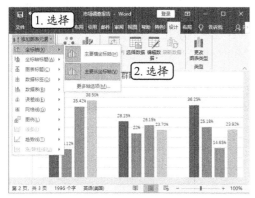

图2-59　取消纵坐标轴

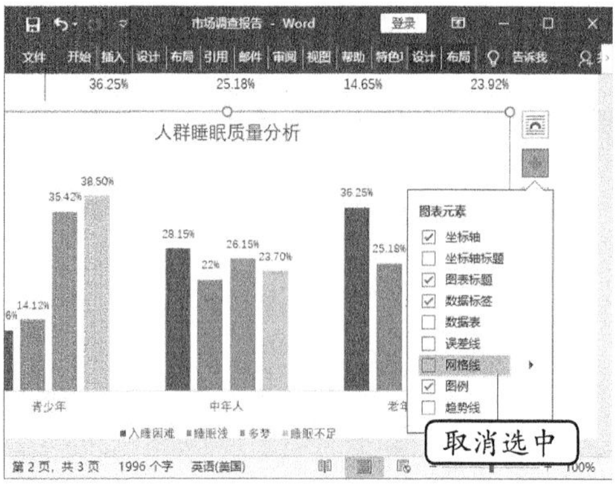

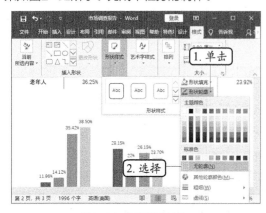

图2-60　取消网格线

（7）保持图表的选择状态，单击【图表工具 格式】/【形状样式】组中"形状轮廓"按钮右侧的下拉按钮，在弹出的下拉列表中选择"无轮廓"选项，如图2-61所示。

（8）保持图表的选择状态，单击"字体"组中的"加粗"按钮B，让图表中的文本均加粗，效果如图2-62所示。完成本任务的制作。

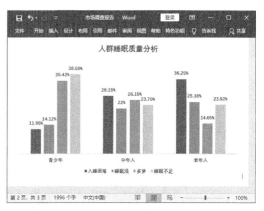

图2-61　取消图表轮廓

图2-62　加粗图表中的文本

实训一　制作"产品宣传"文档

【实训要求】

本实训要求制作一份关于按摩椅产品的宣传文档。文档要求文字内容简洁、准确、通俗易懂，要强调产品的优点，且页面整体效果要美观，视觉冲击力要强。

【实训思路】

本实训在制作"产品宣传"文档时，首先插入图片，使图片铺满整个页面，然后插入形状，并对形状的填充效果、轮廓、形状效果等进行设置，最后插入需要的艺术字和文本框来装载文字内容。参考效果如图2-63所示。

图2-63　"产品宣传"文档

 素材所在位置　素材文件\项目二\按摩椅.jpg

效果所在位置　效果文件\项目二\产品宣传.docx

【步骤提示】

（1）新建"产品宣传"空白文档，将纸张高度设置为"16"，插入"按摩椅.jpg"图片，设置图片的环绕方式为"衬于文字下方"，旋转角度设置为"水平翻转"，再将图片调整到合适的大小和位置。

（2）绘制一个与纸张大小相同的矩形，取消矩形的原有轮廓，设置矩形的渐变填充颜色为"金色4,个性色4"，第一个渐变光圈的位置为"42%"，透明度为"46%"，亮度为"0%"，第二个渐变光圈的位置为"85%"，透明度和亮度均为"0%"。

（3）插入艺术字样式，输入艺术字文本，并对字体和字号进行设置。

（4）绘制一个圆角矩形，设置矩形填充色为白色，取消原有轮廓，为矩形添加阴影效果。

（5）在矩形上绘制一个文本框，取消文本框填充色和轮廓，在文本框中输入相应的文本，并对文本的格式进行设置。

（6）选择圆角矩形和文本框，将其组合在一起并复制粘贴，对粘贴的文本框中的文本进行修改，即可完成本任务的制作。

实训二　制作"应聘登记表"文档

【实训要求】

本实训要求制作"应聘登记表"文档，其中表格包含应聘人员的基本信息、教育经历、工作经历、家庭成员等信息，是应聘人员进入公司面试时必填的表格。在设计该表格时，要注意内容专业、信息有针对性，另外，还需要根据企业的需求进行设计。

【实训思路】

本实训首先应在文档中插入表格，然后对表格进行编辑，如合并单元格、拆分单元格、设置文本方向、调整行高和列宽等，使制作的表格更加规范。参考效果如图2-64所示。

 素材所在位置 素材文件\项目二\应聘登记表.docx

效果所在位置 效果文件\项目二\应聘登记表.docx

【步骤提示】

（1）打开"应聘登记表.docx"文档，插入12行7列的表格，在表格单元格中输入相应的文本。

（2）对表格中的部分单元格执行合并操作，然后将"教育经历""工作经历"和"家庭成员"右侧的第2行空白单元格拆分为5行5列。

图2-64 "应聘登记表"文档

（3）拖曳鼠标调整表格中部分单元格的行高和列宽，然后在【表格工具 布局】/【单元格大小】组中设置单元格的高度值来调整表格行高。

（4）设置表格部分单元格中文本的对齐方式为"居中对齐"，再将"教育经历""工作经历""家庭成员"和"自我评价"单元格中文字的方向设置为垂直显示。

课后练习

（1）本练习将制作"名片"文档，效果如图2-65所示。在制作文档时，需要先设置页面的大小，也就是名片的尺寸，然后添加形状、图片和文本框等对象。

图2-65 "名片"文档

 素材所在位置 素材文件\项目二\车.png

效果所在位置 效果文件\项目二\名片.docx

（2）本练习将制作"招聘流程图"文档，效果如图2-66所示。在制作流程图时，需要用到本章所学的形状和文本框等知识。

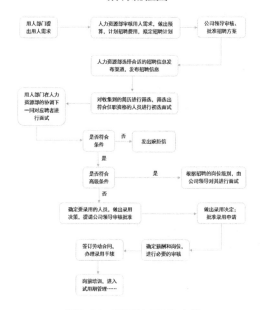

图2-66 "招聘流程图"文档

 效果所在位置 效果文件\项目二\招聘流程图.docx

技能提升

1. 删除图片背景

在文档中使用图片时，为了使图片更贴合文档内容或背景，可能出现只需要保留图片中部分内容的情况，此时，可以使用Word提供的删除图片功能，删除图片的部分内容或背景。其方法是：选择文档中的图片，单击【图片工具 格式】/【调整】组中的"删除背景"按钮，激活"背景消除"选项卡，图片中的紫色区域为要删除的区域。单击【背景消除】/【优化】组中的"标记要保留的区域"按钮，可在图片要删除的紫色区域拖曳鼠标标记要保留的区域；单击"优化"组中的"标记要删除的区域"按钮，可在图片正常颜色区域中拖曳鼠标标记要删除的区域。标记完成后，单击"关闭"组中的"保留更改"按钮，即可查看图片删除效果，如图2-67所示。

图2-67 删除图片背景及删除效果

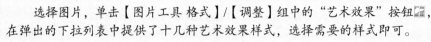

多学一招　　　　　　　　　**为图片应用艺术效果**

选择图片，单击【图片工具 格式】/【调整】组中的"艺术效果"按钮，在弹出的下拉列表中提供了十几种艺术效果样式，选择需要的样式即可。

2. 插入屏幕截图

Word提供了屏幕截图功能，可以快速将当前屏幕或在屏幕中显示的窗口截取为图片插入文档中。其方法是：将文本插入点定位到需要插入图片的位置，单击【插入】/【插图】组中的"屏幕截图"按钮，在弹出的下拉列表"可用的视窗"栏中显示当前计算机屏幕中打开的窗口选项，如图2-68所示，选择相应的窗口选项，即可将窗口截取为图片插入文档中。如果只想截取窗口中的局部，则在"屏幕截图"下拉列表中选择"屏幕剪辑"选项即可，此时，Word窗口最小化，计算机屏幕呈灰白显示，拖曳鼠标截取窗口中需要的部分，截取的部分正常显示，如图2-69所示，截取完成后，释放鼠标左键，即可将截取的部分以图片形式插入文档中。

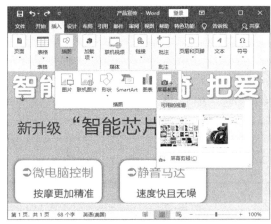

图2-68　选择可视窗口　　　　　　　图2-69　截取窗口

3. 将图片转换为SmartArt图形

在文档中，如果需要给图片添加文字说明，则可以应用图片版式在图片上或图片周围添加文字框，同时，图片将转换为图片型SmartArt图形，便于增加和排列项目。其方法是：选择图片，单击【图片工具 格式】/【图片样式】组中的"图片版式"按钮，在弹出的下拉列表中选择需要的图片版式即可。

4. 通过链接将多个文本框关联起来

在Word中，若放置到文本框中的内容过多，且一个文本框不能完全显示时，可以创建多个文本框，通过创建链接将这些文本框关联起来，让文本框中的内容自动随着文本框大小的变化而调整显示内容的多少。其方法是：选择内容未完全显示出来的文本框，单击【绘图工具 格式】/【文本】组中的"创建链接"按钮，此时，鼠标指针变成形状，将鼠标指针移动到空白的文本框上，鼠标指针变成形状，单击即可将文本框中未显示的内容链接到空白的文本框中，而且"创建链接"按钮会变成"断开链接"按钮。

5. 让表格标题重复显示

默认情况下，Word的一个表格跨多页显示时，表格标题只会在首页显示，不利于其他页表格数据的查看，此时，可利用Word提供的重复标题行功能，让表格的其他页面也显示标题。其方法是：选择表格，单击【表格工具 布局】/【数据】组中的"重复标题行"按钮，表格中的标题在每页开头都会显示。

项目三
Word 文档的编排与高级处理

情景导入

　　米拉制作篇幅较长的文档时速度较慢，而且结构也不完整，于是她向老洪请教。老洪告诉米拉，编排长文档时，文档的封面、目录、页眉和页脚是必不可少的。而且有些操作还可以通过Word中的邮件合并、域、宏等高级功能进行处理，加快文档的制作速度。于是米拉开始了Word文档的编排与高级处理的学习。

学习目标

- 掌握编排"员工手册"文档的方法。
  如新建和修改样式、插入和编辑封面、插入自定义目录、插入首页不同和奇偶页不同的页眉页脚等。
- 掌握批量制作"员工工作证"文档的方法。
  如制作收件人列表、插入合并域、预览效果、执行邮件合并等。
- 掌握自动化排版"考勤管理制度"文档的方法。
  如插入域、转换域代码、录制宏、保存宏、运行宏、VBA编辑器的使用等。

素养目标

　　培养工匠精神，培养严谨、细致、专注、负责的工作态度。

案例展示

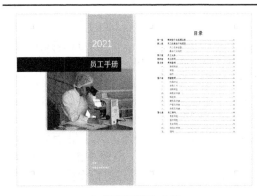

▲"员工手册"文档

▲"员工工作证"文档

微课视频

扫码看彩图

任务一　编排"员工手册"文档

　　员工手册是企业规章制度、企业文化与企业战略的浓缩，是企业的"法律法规"，是员工了解企业形象、传播企业文化的渠道，也是员工工作规范、行为规范的指南，是每个企业都应该具有的内部文件。

一、任务目标

　　本任务将使用Word编排"员工手册"文档，首先需要使用样式对文档的内容进行排版，然后为文档添加封面和目录，最后为文档添加需要的页眉和页脚，使文档的内容更加完善，版面更加规范。通过学习本任务，读者可快速对长文档进行编排。本任务编排完成后的效果如图3-1所示。

图3-1　"员工手册"文档

素材所在位置　素材文件\项目三\员工手册.docx、制药.jpg、logo.png

效果所在位置　效果文件\项目三\员工手册.docx

二、相关知识

　　在本任务编排过程中，将会涉及目录的提取方法、分隔符类型、页码位置等知识，下面进行简单介绍。

（一）目录的提取方法

　　在长文档中，目录是必不可少的，通过目录可以快速了解文档包含的主要内容，并且能通过目录快速找到某个具体的内容所在的位置。在Word中既可以通过内置的目录样式提取目录，也可以自定义提取目录。

- **通过内置目录样式提取目录：**将文本插入点定位到文档中需要插入目录的位置，单击【引用】/【目录】组中的"目录"按钮，在弹出的下拉列表中提供了Word 2016内置的目录样式，选择"手动目录"样式选项，将在文本插入点插入目录的模板，如图3-2所示，然后手动输入目录标题和页码；选择"自动目录"选项，可在文本插入点插入自动生成的目录，但前提是提取的标题应用了样式，或者设置了段落级别，否则将不能自动生成目录，并显示提示文本"未找到目录项。"和提示对话框，如图3-3所示。
- **自定义提取目录：**将文本插入点定位到需要插入目录的位置，单击【引用】/【目录】组中的"目录"按钮，在弹出的下拉列表中选择"自定义目录"选项，打开"目录"对话框，在该对话框中可对提取目录的显示级别、页码格式、制表符前导符等进行设置，设置完成后单击 确定 按钮。

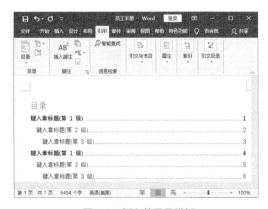

图3-2 插入的目录模板　　　　　　图3-3 提示无法自动生成目录

（二）分隔符类型

分隔符主要用于分隔文档页面，方便为不同的页面设置不同的版式或格式，常用于不规则的文档或长文档的编排。在Word 2016中，分隔符分为分页符、分栏符、自动换行符和分节符4种类型，如图3-4所示。

- **分页符：** 在Word中，当文字或图形等内容填满一页时会自动分页，开始新的一页，如果希望在文档某个特定的位置分页，则需要插入分页符，使文档内容从插入分页符的位置强制分页。
- **分栏符：** 对文档中的段落执行分栏后，Word会根据文档内容在适当的位置自动分栏，如果希望某个内容在下一栏中显示，则需要插入分栏符强制分栏。
- **自动换行符：** 通常情况下，文本到达文档页面右边距时，Word会自动换行，当需要强制换行时，需要插入换行符，如分隔题注文字与正文。
- **分节符：** 默认情况下，Word将整个文档视为一节，如果希望改变分栏数、页眉页脚、页边距或其他部分功能时，则需要插入分节符创建新

图3-4 分隔符

的节。在Word 2016中，分节符分为下一页（新节从下一页开始）、连续（新节从当前页开始）、偶数页（在新的偶数页里开始下一节）和奇数页（在新的奇数页里开始下一节）4种，不同分节符的作用也不一样，用户可以根据具体情况插入合适的分节符。

（三）页码位置

页码是页面上用于标明次序的号码或数据，用于统计文档的页数，便于读者阅读和查阅。在Word中，页码放置的位置并不固定，既可以放在页面顶端、页面底端，也可以放在页边距位置，或者当前指定的位置。下面分别对页码位置的设置方法进行介绍。

- **页面顶端：** 双击文档页面页眉页脚处，进入页眉页脚编辑状态，单击【页眉和页脚工具 设计】/【页眉和页脚】组中的"页码"按钮 #，在弹出的下拉列表中选择"页面顶端"选项，在弹出的子列表中选择页面顶端的页码样式，即可在页面顶端的相应位置添加页码。
- **页面底端：** 进入页眉页脚编辑状态，单击"页眉和页脚"组中的"页码"按钮 #，在弹出的下拉列表中选择"页面底端"选项，在弹出的子列表中选择页面底端的页码样式，即可在页面底端的相应位置添加页码。
- **页边距：** 进入页眉页脚编辑状态，单击"页眉和页脚"组中的"页码"按钮 #，在弹出的下拉列表中选择"页边距"选项，在弹出的子列表中选择提供的页边距位置的页码样式，在

页边距位置添加页码。

- **当前位置：** 进入页眉页脚编辑状态，将文本插入点定位到页眉或页脚中需要插入页码的位置，单击"页眉和页脚"组中的"页码"按钮 #，在弹出的下拉列表中选择"当前位置"选项，在弹出的子列表中选择当前位置的页码样式，即可在文本插入点处插入页码。

三、任务实施

（一）使用样式排版文档

微课视频

使用样式排版文档

样式是一组格式的集合，包括字体格式、段落格式、边框、编号、制表位等。当需要为文档中的多个段落设置相同的格式时，可使用样式，以减少重复操作，提高文档编排效率。下面通过应用、修改和新建样式等操作来排版文档，其具体操作如下。

（1）打开"员工手册.docx"文档，在"样式"组列表框中的"正文"样式上单击鼠标右键，在弹出的快捷菜单中选择"修改"命令，如图3-5所示。

（2）打开"修改样式"对话框，单击 格式(O) ▾ 按钮，在弹出的下拉列表中选择"段落"选项，如图3-6所示。

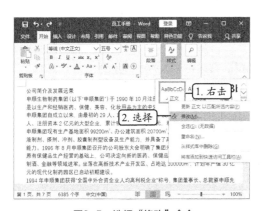

图3-5　选择"修改"命令

图3-6　选择"段落"选项

多学一招　　　　　　　　应用内置样式

Word内置了很多样式，如果有合适的，可直接应用。其方法是：选择需要应用样式的段落，在【开始】/【样式】组中的列表框中选择需要的样式，该样式将应用于选择的段落。

（3）打开"段落"对话框，在"缩进和间距"选项卡中的"特殊"下拉列表框中选择"首行"选项，在"行距"下拉列表框中选择"多倍行距"选项，在"设置值"数值框中输入"1.2"，如图3-7所示。

（4）单击 确定 按钮，返回"修改样式"对话框，单击 确定 按钮返回文档，可发现应用"正文"样式的段落格式都已发生变化。

（5）将文本插入点定位到文档首行，单击"样式"组中的"其他"按钮 ▽，在弹出的下拉列表中选择"创建样式"选项，如图3-8所示。

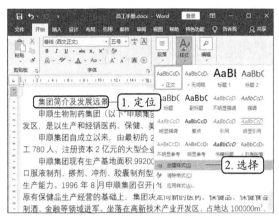

图3-7　设置缩进和间距　　　　　图3-8　选择"创建样式"选项

（6）打开"根据格式化创建新样式"对话框，单击 修改(M)... 按钮，展开该对话框，在"名称"文本框中输入"章节"，在"样式基准"下拉列表框中选择"副标题"选项，在"格式"栏中将字体设置为"方正兰亭黑_GBK"，字号设置为"三号"，单击"加粗"按钮 B，再单击 格式(O)▼ 按钮，在弹出的下拉列表中选择"编号"选项，如图3-9所示。

（7）打开"编号和项目符号"对话框，在"编号"选项卡中单击 定义新编号格式... 按钮，打开"定义新编号格式"对话框。在"编号样式"下拉列表框中选择"一,二,三(简)…"选项，在"编号格式"文本框中输入"第一章"，单击 确定 按钮，如图3-10所示。

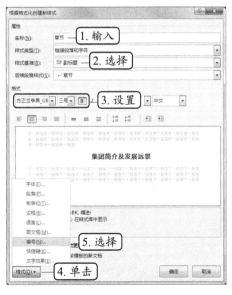

图3-9　设置样式格式　　　　　图3-10　定义新编号格式

（8）依次单击 确定 按钮，返回文档编辑区，文本插入点所在的段落将自动应用新建的"章节"样式。使用相同的方法新建"2级"样式，在新建时，先设置编号，再设置"段落"格式。

（9）在文档编辑区中按住【Ctrl】键，选择需要应用"章节"样式的多个段落（"员工仪表及行为规范""员工义务""员工权利""奖惩条例""考勤管理""员工福利"等），在"样式"列表中选择"章节"选项，即可将该样式应用于所选择的段落，如图3-11所示。

（10）在文档编辑区中按住【Ctrl】键，选择需要应用"2级"样式的多个段落（"员工仪容仪表""奖惩原则""奖励""惩罚"等），在"样式"列表中选择"2级"选项，即可将该样式应用于所选择的段落，如图3-12所示。

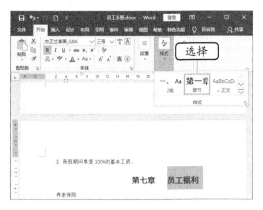

图3-11　应用"章节"样式

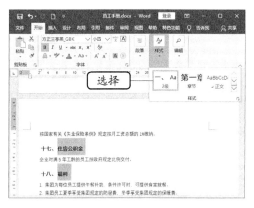

图3-12　应用"2级"样式

多学一招　　　　　　　　　　　清除样式

选择文档中应用样式的段落，单击【开始】/【样式】组中的"其他"按钮，在弹出的下拉列表中选择"清除格式"选项，即可清除所选段落的样式。

（11）在需要修改的编号"三"上单击鼠标右键，在弹出的快捷菜单中选择"重新开始于一"命令，如图3-13所示。

（12）所选编号将从"一"开始重新编号，后面关联的编号将自动更改，使用相同的方法对文档中的其他编号进行更改，如图3-14所示。

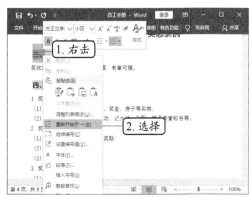

图3-13　选择菜单命令

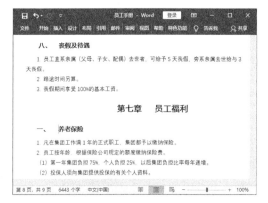

图3-14　编号修改效果

多学一招　　　　　　　　　　　设置编号值

在需要设置编号值的编号上单击鼠标右键，在弹出的快捷菜单中选择"设置编号值"命令，打开"起始编号"对话框，在"值设置为"数值框中输入编号的开始值，单击 按钮，编号将以设置的值开始进行编号。

（二）添加封面和目录

对于比较正式的长文档，封面和目录是必不可少的，下面为文档添加合适的封面和目录，其具体操作如下。

微课视频

添加封面和目录

（1）单击【插入】/【页面】组中的"封面"按钮，在弹出的下拉列表中选择"运动型"选项，如图3-15所示。

（2）单击"年"文本框右侧的 ▼ 按钮，在弹出的下拉列表中单击 今日(T) 按钮，插入系统当前日期中的年份，如图3-16所示。

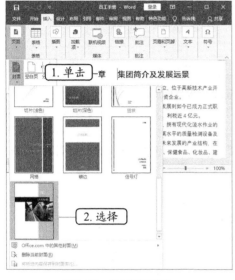

图3-15　选择封面样式

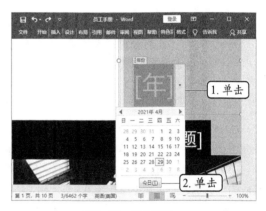

图3-16　插入年份

（3）在封面文本框中输入相应的文本，然后选择封面中的图片，单击【图片工具 格式】/【调整】组中的"更改图片"按钮，在弹出的下拉列表中选择"来自文件"选项，如图3-17所示。

（4）打开"插入图片"对话框，在地址栏中选择图片保存的位置，选择需要插入的图片"制药"，单击 插入(S) 按钮，如图3-18所示。

图3-17　更改图片

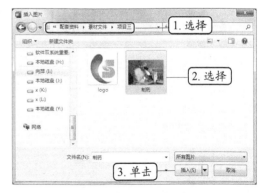

图3-18　插入图片

（5）所选图片将更改为插入的图片，保持图片的选择状态，单击【图片工具 格式】/【图片样式】组中的"快速样式"按钮，在弹出的下拉列表中选择"居中矩形阴影"选项，如图3-19所示。

（6）将文本插入点定位到正文首行，按【Enter】键增加空行，将文本插入点定位到空行中，单击【引用】/【目录】组中的"目录"按钮，在弹出的下拉列表中选择"自定义目录"选项，如图3-20所示。

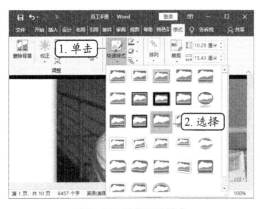

图3-19 选择图片样式　　　　　　图3-20 选择"自定义目录"选项

多学一招　　　　　　**将自定义的封面保存到封面库**

如果对内置的封面样式不满意，可直接在文档最前面插入空白页，根据需要自行设计封面。设计好后，选择封面中的所有对象，在"封面"下拉列表中选择"将所选内容保存到封面库"选项，即可将制作好的封面保存到"封面"下拉列表中，方便后期调用。

（7）打开"目录"对话框，在"目录"选项卡中的"显示级别"数值框中输入"2"，取消选中"使用超链接而不使用页码"复选框，单击 选项(O) 按钮，如图3-21所示。

（8）打开"目录选项"对话框，删除"目录级别"文本框中的数字，在"章节"和"2级"样式对应的"目录级别"文本框中输入"1"和"2"，单击 确定 按钮，如图3-22所示。

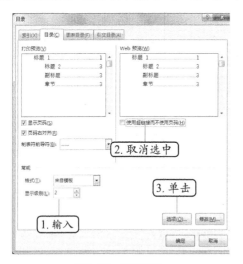

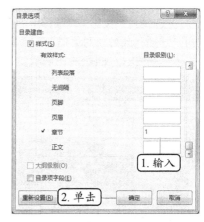

图3-21 目录设置　　　　　　　　图3-22 目录级别设置

（9）返回"目录"对话框，单击 确定 按钮，即可在文本插入点处生成目录，在目录上方输入"目录"文本，并对文本格式进行设置。

（10）将文本插入点定位到目录和正文内容之间的空行中，单击【布局】/【页面设置】组中的"分隔符"按钮，在弹出的下拉列表中选择"分节符"栏中的"下一页"选项，如图3-23所示。

（11）插入分节符后，分节符后面的内容将在下一页显示，单击【开始】/【段落】组中的"显示/隐藏编辑标记"按钮，将显示出文档中的所有标记符号，包括插入的分节符，如图3-24所示。

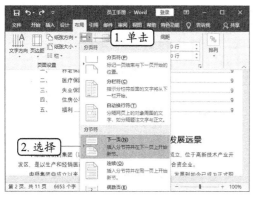

图3-23　选择分节符

图3-24　查看分节符

（三）自定义页眉和页脚

页眉和页脚主要用于显示文档的一些附加信息，如公司名称、文档标题、Logo、日期和页码等。在Word中，既可以为文档页面添加内置的页眉页脚，也可以根据实际需要自定义页眉页脚，下面为文档页面添加需要的页眉和页脚，其具体操作如下。

微课视频

自定义页眉页脚

（1）双击文档页面页眉页脚处，进入页眉页脚编辑状态，将文本插入点定位到封面页眉处，单击【开始】/【字体】组中的"清除所有格式"按钮 ，如图3-25所示，删除页眉处的横线。

（2）将文本插入点定位到文档第3页的页眉处，在【页眉和页脚工具 设计】/【选项】组中取消选中"首页不同"复选框。使用相同的方法删除其他页面页眉处的横线，并选中"奇偶页不同"复选框，如图3-26所示。

图3-25　删除页眉处的横线

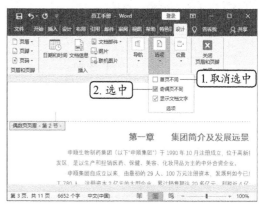

图3-26　设置页眉页脚选项

（3）单击【页眉和页脚工具 设计】/【导航】组中的"链接到前一节"按钮 ，断开与前一节页眉的链接，如图3-27所示。

（4）单击【页眉和页脚工具 设计】/【插入】组中的"图片"按钮 ，打开"插入图片"对话框，选择需要插入的"logo"图片文件，单击 插入(S) 按钮，如图3-28所示。

（5）保持图片的选择状态，将图片环绕方式设置为"浮于文字上方"，再将图片调整到合适的大小和位置。

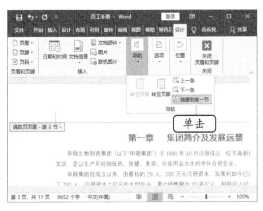

图3-27　断开页眉链接　　　　　　　　　　图3-28　插入图片

　　（6）在图片右侧绘制一个横排文本框，取消文本框的轮廓和填充色，在文本框中输入"申顺集团"文本，并对文本的字体、字号和字体颜色进行设置，如图3-29所示。

　　（7）单击"导航"组中的"转至页脚"按钮，将文本插入点定位到该页面的页脚，单击"导航"组中的"链接到前一节"按钮，断开与前一节页脚的链接。

　　（8）单击【页眉和页脚工具 设计】/【页眉和页脚】组中的"页码"按钮，在弹出的下拉列表中选择"页面底端"选项，在弹出的子列表中选择"鄂化符"选项，如图3-30所示。

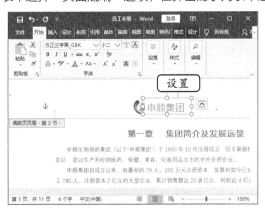

图3-29　设置文本格式　　　　　　　　　　图3-30　选择页码样式

　　（9）选择插入的页码，在"页码"下拉列表中选择"设置页码格式"选项，打开"页码格式"对话框，在"起始页码"数值框中输入开始页码"1"，单击　确定　按钮，如图3-31所示。

　　（10）将文本插入点定位到奇数页页眉第2节处，单击"链接到前一节"按钮，断开与前一节页眉的链接。

（11）复制偶数页页眉第2节处的文本框，粘贴到奇数页页眉第2节处，将文本更改为"员工手册"，然后断开页脚与前一节页脚的链接。

（12）插入与偶数页相同的页码样式，单击【页眉和页脚工具 设计】/【关闭】组中的"关闭页眉和页脚"按钮，如图3-32所示，退出页眉页脚编辑状态，返回文档编辑区。

图3-31　设置页号格式

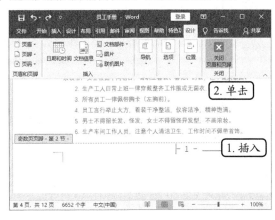

图3-32　设置奇数页页眉页脚并退出编辑状态

知识提示　　　　　　　　　　**设置奇偶页不同**

因为设置了奇偶页不同，文档第3页的页码变成了奇数页"1"，但本任务原来设置的是偶数页页码，所以，设置的页眉和页脚将自动变成文档第4页偶数页的页码。

（四）更新目录

目录中标题对应的页码是未添加页眉页脚前文档页面的页码，因此需要对目录中的页码进行更新，其具体操作如下。

（1）选择目录页中的目录内容，单击【引用】/【目录】组中的"更新目录"按钮，打开"更新目录"对话框，选中"更新整个目录"单选按钮，单击　确定　按钮，如图3-33所示。

（2）可以看到目录页的页码已经更新，页码是根据插入的页码来更新的，而不是文档页面数，如图3-34所示。

微课视频

更新目录

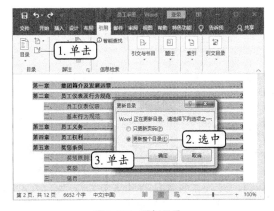

图3-33　更新目录

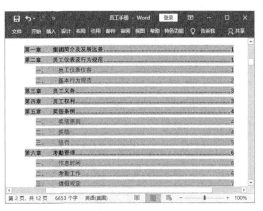

图3-34　查看目录更新效果

（五）插入脚注和尾注

微课视频
插入脚注和尾注

脚注和尾注的作用都是对文档中的文本进行补充说明，脚注一般位于页面底部，用于对文档中的某处文本内容进行注释说明，尾注一般位于文档的末尾，用于列出引文的出处。下面为文档的部分内容添加脚注和尾注，其具体操作如下。

（1）选择正文第1页的"搽剂"文本，单击【引用】/【脚注】组中的"插入脚注"按钮AB¹，如图3-35所示。

（2）在所选文本所在页面的底端插入脚注编号，输入相应的脚注内容，如图3-36所示。

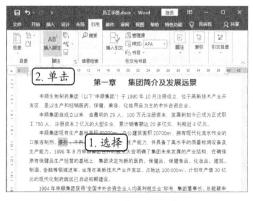
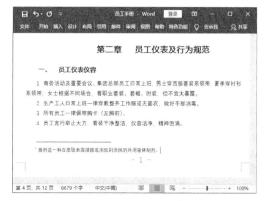

图3-35　单击"插入脚注"按钮　　　　图3-36　输入脚注内容

（3）选择正文第2页的"外出乘车"文本，单击【引用】/【脚注】组中的"插入尾注"按钮，如图3-37所示。

（4）在文档末尾插入尾注符号，输入相应的尾注内容，如图3-38所示。

（5）使用相同的方法为文档中的其他内容添加需要的脚注和尾注内容，完成本任务的制作。

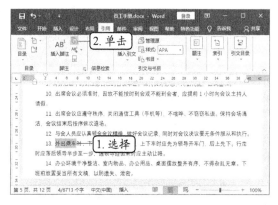
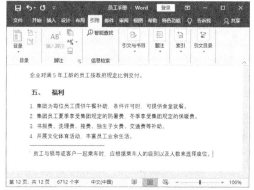

图3-37　单击"插入尾注"按钮　　　　图3-38　输入尾注内容

知识提示　　　　　　　　脚注和尾注

如果文档中为多处文本内容添加了脚注和尾注，那么脚注和尾注将按照顺序进行标识，脚注以"1、2、3……"的编号顺序进行标识，而尾注以"i、ii、iii……"的编号顺序进行标识。另外，将鼠标指针指向文档中添加脚注或尾注的位置时，将自动出现脚注提示内容或尾注提示内容。

任务二　批量制作"员工工作证"文档

工作证是证明员工在公司工作的一种凭证，既便于规范管理员工，也便于维护公司形象。员工证一般包含公司名称、公司Logo、员工照片、员工姓名、职位、编号等内容。在制作工作证时，要注意整体的美观性，否则会影响企业的形象。

一、任务目标

本任务将批量制作"员工工作证"文档，主要涉及邮件合并知识。通过本任务的学习，读者可以掌握批量制作文档的方法。本任务制作完成后的最终效果如图3-39所示。

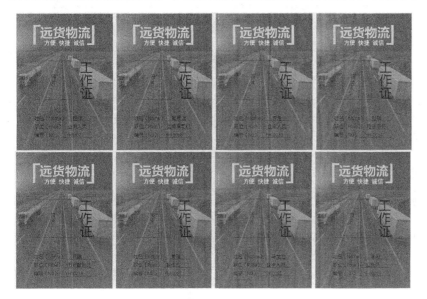

微课视频

扫码看彩图

图3-39　"员工工作证"文档

 素材所在位置　素材文件\项目三\员工工作证.docx

效果所在位置　效果文件\项目三\员工工作证.docx、信函1.docx

二、相关知识

使用邮件合并功能批量制作文档时，经常会涉及邮件合并收件人、邮件合并文档类型等相关知识和操作，下面进行简单介绍。

（一）邮件合并收件人

在Word中，邮件合并收件人既可以使用现有文档中的数据，也可以根据需要新建，其方法如下。

- **键入新列表：** 单击【邮件】/【开始邮件合并】组中的"选择收件人"按钮，在弹出的下拉列表中选择"键入新列表"选项，打开"新建地址列表"对话框，在其中输入收件人数据记录，单击 确定 按钮。
- **使用现有列表：** 在"选择收件人"下拉列表中选择"使用现有列表"选项，打开"选取数据源"对话框，在地址栏中选择文件保存的位置，在列表框中选择需要的文件，单击 打开(O) 按钮，在打开的对话框中按照提示进行操作即可，如图3-40所示。

图3-40　使用现有列表

（二）邮件合并文档类型

单击【邮件】/【开始邮件合并】组中的"开始邮件合并"按钮，在弹出的下拉列表中提供了信函、电子邮件、信封、标签、目录、普通Word文档等6种文档类型，用户可根据需要进行选择。

- **信函：** 合并后的每条记录独自占用一页，即数据源中有多少条数据记录，合并后的文档就包含多少页。
- **电子邮件：** 主文档中的内容将在Web版式视图中显示，并为数据源中的每位收件人创建电子邮件。
- **信封：** 选择"信封"选项后，将打开"信封选项"对话框，如图3-41所示，可为数据源中的收件人创建指定尺寸的信封。
- **标签：** 选择"标签"选项后，将打开"标签选项"对话框，如图3-42所示，可以创建指定规格的标签，所有标签位于同一页中。

图3-41　"信封选项"对话框

图3-42　"标签选项"对话框

- **目录：** 合并后的多条记录位于同一页中，而不是一条记录显示一页，如图3-43所示。
- **普通Word文档：** 删除与主文档关联的数据源，恢复为普通文档，如图3-44所示。

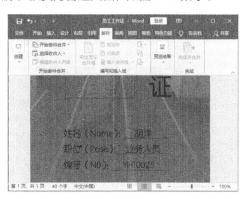

图3-43　目录文档类型　　　　　　　　　　图3-44　普通Word文档

三、任务实施

（一）创建数据源

数据源是执行邮件合并的关键，它将执行邮件合并主文档内容中有变化的部分按照字段分类集成到文档中，然后将主文档与数据源关联，快速制作多个内容相似但又不完全相同的文档。下面创建邮件合并数据源，其具体操作如下。

（1）打开"员工工作证.docx"文档，单击【邮件】/【开始邮件合并】组中的"选择收件人"按钮，在弹出的下拉列表中选择"键入新列表"选项，如图3-45所示。

（2）打开"新建地址列表"对话框，单击 自定义列(Z)... 按钮，打开"自定义地址列表"对话框。在"字段名"列表框中选择"职务"字段名；单击 重命名(R)... 按钮，打开"重命名域"对话框，在"目标名称"文本框中输入"姓名"文本，单击 确定 按钮，如图3-46所示。

（3）返回"自定义地址列表"对话框，使用相同的方法将"名字"和"姓氏"字段名重命名为"职位"和"编号"。

（4）选择"公司名称"字段名，单击 删除(D) 按钮，在打开的提示对话框中单击 是(Y) 按钮删除该字段名，如图3-47所示。

图3-45　选择"键入新列表"选项　　　　　　图3-46　重命名字段名

（5）使用相同的方法删除"字段名"列表框中不需要的字段名，单击 确定 按钮，如图3-48所示。

图3-47　删除字段名

图3-48　字段设置完成

（6）返回"新建地址列表"对话框，单击7次 新建条目(N) 按钮，新建7个条目，按照字段输入条目内容，完成后单击 确定 按钮，如图3-49所示。

（7）打开"保存通讯录"对话框，在地址栏中选择保存位置，在"文件名"下拉列表框中输入文件保存的名称"新员工列表"，单击 保存(S) 按钮保存数据源，如图3-50所示。

图3-49　输入条目内容

图3-50　保存数据源

（8）此时，"编写和插入域""预览结果"和"完成"组中的按钮被激活，表示创建的数据源与主文档关联在一起了。

（二）插入合并域

微课视频

插入合并域

插入合并域就是插入收件人列表中的域，将主文档与数据源中的相关数据关联起来，并且可对关联的数据进行查看，其具体操作如下。

（1）将文本插入点定位到"姓名"文本后面的横线上，单击【邮件】/【编写和插入域】组中的"插入合并域"按钮，在弹出的下拉列表中选择需要的合并域"姓名"选项，如图3-51所示。

（2）此时，文本插入点所在的位置将插入选择的"姓名"合并域，使用相同的方法插入"职位"和"编号"合并域。

（3）单击【邮件】/【预览结果】组中的"预览结果"按钮，如图3-52所示。

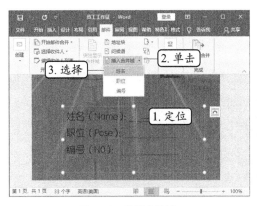

图3-51　选择合并域

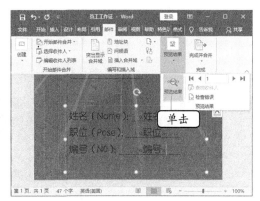

图3-52　预览结果

（4）合并域将显示第一位收件人信息，如图3-53所示。

（5）单击"预览结果"组中的"下一记录"按钮▶，将跳转到数据源中的第二位收件人，如图3-54所示，继续查看其他收件人，确认收信人信息是否正确。

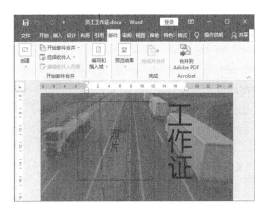

图3-53　查看第一条记录

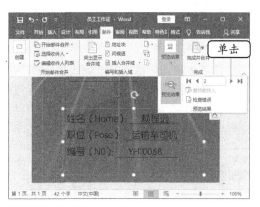

图3-54　查看第二条记录

（三）执行邮件合并

确认合并数据无误后，就可进行合并文档以及执行批量制作文档、打印文档和发送电子邮件等操作，其具体操作如下。

（1）单击【邮件】/【完成】组中的"完成并合并"按钮，在弹出的下拉列表中选择"编辑单个文档"选项，如图3-55所示。

（2）打开"合并到新文档"对话框，选中"全部"单选按钮，如图3-56所示。

（3）单击 确定 按钮后，将新建一个Word文档显示合并记录，每条记录将独占一页，完成文档的批量制作。

微课视频

执行邮件合并

知识提示　　　　　　　　　**合并指定的记录**

在"合并到新文档"对话框中选中"从"单选按钮，在"从"文本框中输入从第几条记录开始合并，在"到"文本框中输入合并到第几条记录，再单击 确定 按钮。

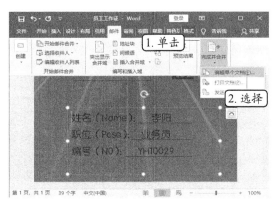

图3-55　执行邮件合并	图3-56　合并到新文档

任务三　自动化排版"考勤管理制度"文档

考勤管理制度是针对员工出勤进行管理的一种制度，其目的是维护企业的正常工作秩序，提高工作效率，使员工自觉遵守工作时间和纪律。

一、任务目标

本任务将自动化排版"考勤管理制度"文档，主要涉及域、录制宏、运行宏、代码等知识。通过本任务的学习，可以使用Word的一些高级知识来自动化排版。本任务制作完成后第2页的最终效果如图3-57所示。

素材所在位置	素材文件\项目三\考勤管理制度.docx
效果所在位置	效果文件\项目三\考勤管理制度.docx、考勤管理制度.dotm

图3-57　"考勤管理制度"文档

二、相关知识

为了实现文档排版的自动化，需要使用Word提供的域、宏等特殊功能。在使用这些功能时，需要掌握一些基础知识，如域的组成结构、VBA编辑器等，下面进行简单介绍。

（一）域的组成结构

域是一组能够嵌入文档的指令代码，被称为域代码。它可以自动完成插入文字、图形、页码、日期、目录或其他信息等操作。例如，域代码"{ TOC \t "章节，1，2级，2"}"表示提取文档中的1、2级标题作为目录。一个域代码主要包括域特征字符、域名称、域开关、域指令和域结果。

- **域特征字符：**域代码最外层的花括号{ }不能通过键盘直接输入，必须按【Ctrl+F9】组合键输入。
- **域名称：**域代码"{ TOC \t "章节,1,2级,2"}"中的"TOC"便是域名称，被称为"目录域"，Word 提供了几十种域供用户使用。

- **域开关：** 设定域工作的开关，域代码"{ TOC \t "章节,1,2级,2" }"中的"\t"就是域开关，表示水平制表符，相当于键盘中的【Tab】键。"\@""*"和"\#"是Word最常用的3个通用开关，其中"\@"开关用于设置日期和时间格式；"*"开关用于设置文本格式；"\#"开关用于设置数字格式。
- **域指令：** 域代码双引号及双引号中的内容，是针对开关设置的选项参数，其中的文字必须使用英文双引号引起来。
- **域结果：** 域的显示结果，类似Excel函数运算以后得到的值。在Word 中，要将域代码转换成域结果。

多学一招 **与域有关的快捷键**

按【Ctrl+F9】组合键插入域特征字符{ }；按【F9】键对所选范围的域进行更新；按【Shift+F9】组合键对所选范围内的域在域结果与域代码之间切换；按【Alt+F9】组合键对所有的域在域结果与域代码之间切换；按【Ctrl+Shift+F9】组合键将域结果转换为普通文本，转换后，不再具有域的特征，也不能再更新；按【Ctrl+F11】组合键锁定某个域，防止修改当前的域结果；按【Ctrl+Shift+F11】组合键解除某个域的锁定，允许对该域进行修改。

（二）认识VBA编辑器

对创建的宏进行编辑，或通过代码来实现某个操作时，都需要通过VBA编辑器来完成，所以，了解VBA编辑器的组成部分有助于提高操作速度。

在Word文档中单击【开发工具】/【代码】组中的"Visual Basic"按钮 ，打开VBA编辑器窗口，它主要由菜单栏、工具栏、工程资源管理器、属性窗口、代码窗口组成，如图3-58所示。各部分的含义如下。

图3-58　VBA编辑器窗口

- **菜单栏：** 是VBA编辑器最重要的组成部分之一，几乎包含编辑器的所有功能，包括文件、编辑、视图、插入、格式、调试、运行、工具、外接程序、窗口、帮助等菜单项。
- **工具栏：** 提供常用的命令按钮，对程序进行编辑、调试和管理等。
- **工程资源管理器：** 包含当前Word程序中的所有VBA工程，每个工程对应一个打开的Word文件。
- **属性窗口：** 显示工程资源管理器中所选对象的所有属性及属性的值，并且可以根据需要对属性的值进行查询和修改。
- **代码窗口：** 用于显示、编辑和调试所选对象的代码，每个对象对应一个代码窗口。当有多个代码窗口同时打开时，只有一个处于活动状态。

三、任务实施

（一）插入域制作页码

微课视频

插入域制作页码

Word的很多操作命令都是由域代码组成的，所以很多操作可以通过直接输入相关的域代码来实现。下面插入页码域来为文档页面添加页码，其具体操作如下。

（1）打开"考勤管理制度.docx"文档，双击文档页脚处，进入页脚编辑状态，将文本插入点定位到第1页的页脚处，单击【插入】/【文本】组中的"文档部件"按钮，在弹出的下拉列表中选择"域"选项，如图3-59所示。

（2）打开"域"对话框，在"域名"列表框中选择"Page"选项，在"格式"列表框中选择"1,2,3,…"选项，选中"更新时保留原格式"复选框，如图3-60所示。

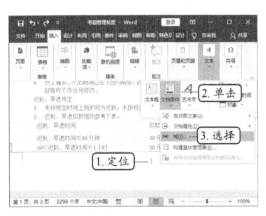

图3-59 选择"域"选项

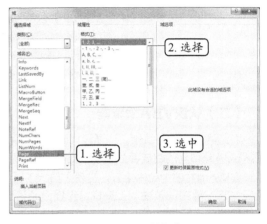

图3-60 设置域格式

多学一招　　　　　　　　　　　**手动输入域代码**

如果对域代码比较熟悉，则可以手动输入。其方法是：先按【Ctrl+F9】组合键输入"{ }"，在两个空格之间输入域代码，包括域名称、域开关及域指令，输入完成后，按【Shift+F9】组合键显示域结果。

（3）单击 确定 按钮后，即可在文档中插入域，并自动转换为域结果。选择域结果，单击鼠标右键，在弹出的快捷菜单中选择"切换域代码"命令，如图3-61所示。

（4）在域代码前后输入"第"和"页"文本，如图3-62所示。

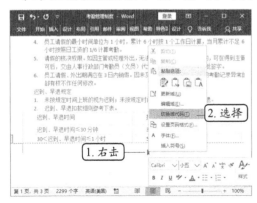

图3-61 选择"切换域代码"命令

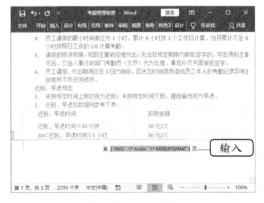

图3-62 编辑页码

（5）选择域代码，按【Shift+F9】组合键，将域代码显示为域结果。

（二）录制与运行宏

宏是一系列操作命令的有序集合，主要用来处理有规律的重复性工作，可提高工作效率。下面通过录制宏和运用宏来设置文本和表格格式，其具体操作如下。

微课视频

录制与运行宏

（1）单击"文件"菜单，在打开的界面左侧选择"选项"选项，打开"Word选项"对话框，在左侧选择"自定义功能区"选项卡，在右侧的"主选项卡"列表框中选中"开发工具"复选框，单击 确定 按钮，将在Word工作界面功能区中显示"开发工具"选项卡。

（2）单击【开发工具】/【代码】组中的"录制宏"按钮 ，打开"录制宏"对话框，在"宏名"文本框中输入"文本格式"文本，在"将宏保存在"下拉列表框中选择"考勤管理制度(文档)"选项，在"说明"文本框中输入要录制宏的解释或说明，单击"按钮"按钮，如图3-63所示。

（3）打开"Word选项"对话框，并自动在中间的文本框中显示录制的宏名称选项，单击 添加(A) 按钮添加到"自定义快速访问工具栏"列表框中，如图3-64所示。

图3-63　录制宏设置

图3-64　添加宏按钮

多学一招

指定到键盘

在"录制宏"对话框中单击"键盘"按钮 ，打开"自定义键盘"对话框，将文本插入点定位到"请按新快捷键"文本框中，选择F2～F12键中的任意一个键，将其指定为快捷键，单击 指定(A) 按钮，再单击 关闭 按钮关闭对话框，即可开始录制宏。录制完成后，运行宏时可直接按指定的快捷键。

（4）单击 确定 按钮后可将宏按钮添加到快速访问工具栏中，此时，鼠标指针变成 形状，表示正在录制宏。选择"目的"文本，设置字体、字号，再单击【开始】/【段落】组中"编号"按钮 右侧的下拉按钮 ，在弹出的下拉列表中选择"定义新编号格式"选项，如图3-65所示。

（5）打开"定义新编号格式"对话框，在"编号样式"下拉列表框中选择"一、二、三(简)…"选项，在"编号格式"文本框中的编号前后分别输入"第"和"条"文本，如图3-66所示。

（6）单击 确定 按钮返回文档中。单击【开始】/【段落】组右下角的对话框启动器按钮 ，打开"段落"对话框，在"段前"数值框中输入"0.5行"文本，如图3-67所示。

（7）单击 确定 按钮，单击【开发工具】/【代码】组中的"停止录制"按钮 ，停止宏的录制，所选文本将应用宏设置的格式，如图3-68所示。

图3-65 选择"定义新编号格式"选项

图3-66 定义新编号

图3-67 设置段间距

图3-68 停止宏录制

（8）选择"适用范围"文本，单击"快速访问工具栏"中的"Project.NewMacros.文本格式"按钮🔧，将宏应用到所选文本中。

（9）选择"适用范围"文本，单击鼠标右键，在弹出的快捷菜单中选择"继续编号"命令，如图3-69所示。

（10）使用相同的方法将"文本格式"宏应用到文档其他对应的段落文本中。

（11）按【Ctrl+S】组合键保存文档，在打开的提示对话框中单击 否(N) 按钮，打开"另存为"对话框。在"保存类型"下拉列表框中选择"启用宏的Word模板"选项，在地址栏中选择保存位置，单击 保存(S) 按钮保存文档，如图3-70所示。

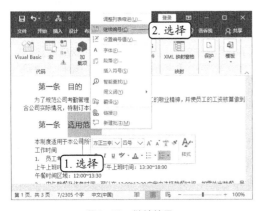

图3-69 继续编号

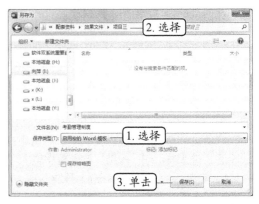

图3-70 以宏模板保存文档

（12）使用相同的方法录制"表格格式"宏，并应用到文档表格中。

（三）使用代码删除段落空行

录制的每一个宏都是由一组代码组成的，如果对代码比较熟悉，则可直接通过VBA编辑器输入代码，对文档进行设置和编辑。下面使用代码删除文档中多余的段落空行，其具体操作如下。

（1）单击【开发工具】/【代码】组中的"Visual Basic"按钮，如图3-71所示。

（2）打开VBA编辑器窗口，单击"插入"菜单，在弹出的下拉列表中选择"模块"命令，如图3-72所示。

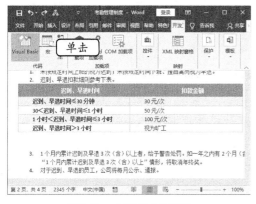

图3-71　打开VBA编辑器

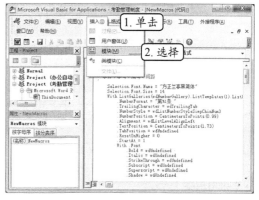

图3-72　插入模块

（3）在代码窗口中输入删除空行的代码，输入完成后单击 按钮，如图3-73所示。

（4）返回文档后，单击【开发工具】/【代码】组中的"宏"按钮，打开"宏"对话框，在列表框中选择"删除文档中的段落空行"选项，如图3-74所示。

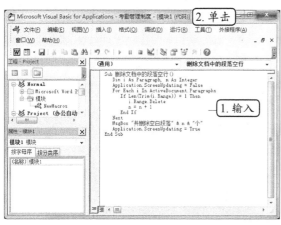

图3-73　输入代码、关闭窗口

图3-74　执行操作

（5）单击 按钮，开始执行删除文档中的空行操作，并在打开的提示对话框中显示删除的空行数量，保存文档，完成本任务的制作。

知识提示　　　　　　　　　　**宏的操作**

在"宏"对话框中单击 按钮，可打开VBA编辑器，对宏代码进行修改；单击 按钮，可创建新的宏；单击 按钮，可删除选择的宏。

实训一　编排"公司财产管理制度"文档

【实训要求】

本实训要求运用本章所学知识编排"公司财产管理制度"文档，使文档的结构更加完善、排版更加规范。

【实训思路】

本实训在编排"公司财产管理制度"文档时，首先应新建样式，并应用到相应的段落中，然后插入封面和目录，最后为文档页面添加需要的页眉页脚。参考效果如图3-75所示。

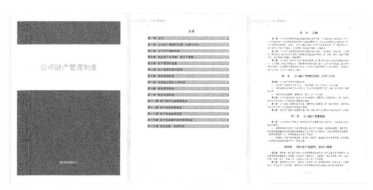

图3-75　"公司财产管理制度"文档

素材所在位置　素材文件\项目三\公司财产管理制度.docx
效果所在位置　效果文件\项目三\公司财产管理制度.docx

【步骤提示】

（1）为标题应用"副标题"样式，修改"正文"样式的首行缩进。

（2）新建"章节"和"条款"样式，并应用到文档对应的段落中，设置"条款"样式的自定义编号时，需要加粗显示编号。

（3）为文档插入内置的封面样式，并对封面的文本进行修改，然后插入自定义的目录。

（4）将"公司财产管理制度"文本修改为"目录"，并在其后插入自定义目录，然后在目录后插入分节符。

（5）为文档页眉页脚添加内置的页眉和页码样式，并对页码的起始页进行设置。

实训二　批量制作和发送"面试通知"文档

【实训要求】

本实训要求运用本项目所学的邮件合并知识批量制作文档，并以电子邮件的形式批量发送。

【实训思路】

本实训先将现有的"面试人员名单.xlsx"表格数据关联到"面试通知"文档中，在下画线上插入对应的合并域，然后对合并域效果进行预览，最后执行合并操作时，以"电子邮件"形式批量发送，完成后的文档效果如图3-76所示。

图3-76　"面试通知"文档

素材所在位置　素材文件\项目三\面试通知.docx、面试人员名单.xlsx
效果所在位置　效果文件\项目三\面试通知.docx

【步骤提示】

（1）打开"面试通知.docx"文档，选择现有的"面试人员名单"Excel文件。

（2）插入"姓名""称谓"和"应聘岗位"合并域，并预览效果。

（3）完成合并后发送电子邮件，然后按照提示进行邮件的批量发送操作。

课后练习

（1）本练习将批量制作"中文信封"文档，效果如图3-77所示，在制作过程中只需按照信封制作流程进行制作即可。

图3-77 "中文信封"文档

 素材所在位置 素材文件\项目三\客户资料表.xlsx

效果所在位置 效果文件\项目三\中文信封.docx

（2）本练习将使用宏设置"员工培训计划书"文档格式，文档的部分效果如图3-78所示。首先录制需要的"设置文本格式"宏，然后将宏运用到文档相应的段落中，最后将文档保存为启用宏的Word文档。

图3-78 "员工培训计划书"文档

 素材所在位置 素材文件\项目三\员工培训计划书.docx

效果所在位置 效果文件\项目三\员工培训计划书.docx

技能提升

1. 通过大纲视图调整文档结构

通过大纲视图可以将文档内容以大纲形式显示，并且可对文档的段落级别以及文档的整体结构进行调整。其方法是：单击【视图】/【视图】组中的"大纲"按钮 进入大纲视图，将文本插入点定位到需要设置段落级别的段落中，单击【大纲显示】/【大纲工具】组中的"大纲级别"按钮 ，在弹出的下拉列表中选择需要的大纲级别，然后在"大纲工具"组中的"显示级别"下拉列表框中选择需要显示的级别，文档中将只显示所选级别及所选级别前的所有级别，如图3-79所示。另外，在大纲视图中，还可根据需要对文档内容进行修改和调整。

图3-79　设置和查看段落级别

2. 插入题注

题注是指在图片、表格、图表等对象的上方或下方添加的带有编号的说明信息，当这些对象的数量和位置发生变化时，Word会自动更新题注编号，避免手动修改的麻烦。插入题注的方法是：选择文档中需插入题注的图片、表格或图表，单击【引用】/【题注】组中的"插入题注"按钮，打开"题注"对话框，选中"从题注中排除标签"复选框，在"位置"下拉列表框中选择题注位置，单击 新建标签(N)... 按钮，打开"新建标签"对话框，在"标签"文本框中输入题注文本，单击 确定 按钮，返回"题注"对话框，可看到"题注"文本框中的内容已经自动显示了标签名称，单击 确定 按钮插入题注，如图3-80所示。

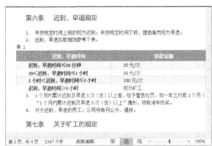

图3-80　插入题注

3. 为文档应用主题

排版文档时，如果希望快速对文档的外观效果进行更改，则可应用Word提供的主题方案来实现，并且还可以根据需要对主题方案的效果、颜色、字体等进行设置。其方法是：单击【设计】/

【文档格式】组中的"主题"按钮，在弹出的下拉列表中选择需要的主题方案应用于文档，如图3-81所示。单击【设计】/【文档格式】组中的"颜色"按钮，在弹出的下拉列表中可更改文档主题的配色，另外，在下拉列表中选择"自定义颜色"选项，打开"新建主题颜色"对话框，在其中可对主题的字体颜色、背景颜色等进行设置，如图3-82所示。单击【设计】/【文档格式】组中的"字体"按钮，在弹出的下拉列表中可更改文档主题的字体，选择"自定义字体"选项，打开"新建主题字体"对话框，在其中可对主题字体进行设置。

图3-81　应用主题　　　　　　　　　图3-82　"新建主题颜色"对话框

多学一招　　　　　　　**使用样式集更改文档外观**

样式集是众多样式的集合，通过样式集可以快速改变文档的外观，但前提是应用样式集的文档已应用样式，否则应用样式集后，文档效果不会发生任何变化。应用样式集的方法是：在应用样式的文档中选择【设计】/【文档格式】组列表框中需要的样式集。

4. 通过书签快速定位

书签可用于标记文档中的某一处位置或文字，在浏览长文档时，可以通过书签快速定位到目标处。在文档中使用书签定位内容时，首先需要插入书签，然后才能通过书签定位。其方法是：将文本插入点定位到需要插入书签的位置，单击【插入】/【链接】组中的"书签"按钮，打开"书签"对话框，在"书签名"文本框中输入书签的名称，单击 添加(A) 按钮，如图3-83所示。打开"书签"对话框，在列表框中显示了插入的书签，选择需要定位的书签，单击 定位(G) 按钮，即可直接定位到文档书签的相应位置处，如图3-84所示。

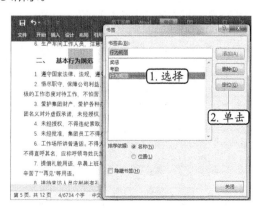

图3-83　插入书签　　　　　　　　　图3-84　定位书签

项目四

Excel 表格的制作

情景导入

　　米拉在熟练掌握Word办公文档的制作后，开始向老洪请教Excel表格的制作方法。老洪告诉米拉，制作Excel表格并不只是简单地输入数据，还需要对单元格格式、数据验证、表格样式等进行设置，使输入的数据准确性更高，整体效果更加规范和美观。于是米拉开始了Excel表格制作的学习。

学习目标

- 掌握制作"员工档案表"表格的方法。
　　如填充有规律的数据、快速填充数据、数据验证、设置单元格格式和表格样式、保护工作簿等。
- 掌握制作"产品订单明细表"表格的方法。
　　如导入外部数据、单元格样式的新建和修改、数字格式的设置等。

素养目标

　　善于运用表格管理数据，节约时间，提高效率。

案例展示

▲ "员工档案表"表格

▲ "产品订单明细表"表格

任务一 制作"员工档案表"表格

员工档案表用于记录员工的基本信息，如员工编号、姓名、部门、岗位、性别、学历、身份证号码、出生年月、入职时间、联系电话等，是用人单位了解员工较为常用的方式之一，不同的企业，其员工档案表包含的内容也会有所不同。

一、任务目标

本任务将使用Excel 2016制作"员工档案表"表格，在制作时首先根据数据的特点选择不同的输入方式，然后对单元格格式和表格格式进行设置，使表格数据更加规范，最后使用密码对工作簿进行保护，禁止他人查看。通过学习本任务，可快速制作出专业的办公表格。本任务制作完成后的效果如图4-1所示。

员工编号	姓名	部门	岗位	性别	学历	身份证号码	出生年月	入职时间	联系电话
SY-10001	吴勇	销售部	销售主管	男	本科	51XXXX19860212XXXX	1986/2/12	2012/4/18	133XXXXXXXX
SY-10002	孙洪伟	财务部	财务总监	男	本科	10XXXX19821028XXXX	1982/10/28	2015/4/7	134XXXXXXXX
SY-10003	丁毅	生产部	技术员	男	高中及以下	61XXXX19890526XXXX	1989/5/26	2015/3/17	135XXXXXXXX
SY-10004	刘凡金	综合部	保安	男	高中及以下	23XXXX19760724XXXX	1976/7/24	2016/8/6	136XXXXXXXX
SY-10005	熊平湖	生产部	技术员	男	专科	21XXXX19861230XXXX	1986/12/30	2017/9/10	137XXXXXXXX
SY-10006	刘健	生产部	生产总监	男	研究生	41XXXX19811130XXXX	1981/11/30	2013/10/15	138XXXXXXXX
SY-10007	陈丽华	财务部	会计	女	专科	51XXXX19930218XXXX	1993/2/18	2015/7/8	139XXXXXXXX
SY-10008	钟鹏	生产部	质检员	男	高中及以下	33XXXX19890325XXXX	1989/3/25	2017/11/10	140XXXXXXXX
SY-10009	杨晨艺	销售部	销售代表	男	本科	41XXXX19951119XXXX	1995/11/19	2019/3/10	141XXXXXXXX
SY-10010	童天	生产部	生产主管	男	本科	38XXXX19851119XXXX	1985/11/19	2011/6/18	142XXXXXXXX
SY-10011	苏红	综合部	总监	女	研究生	10XXXX19840625XXXX	1984/6/25	2014/4/18	143XXXXXXXX
SY-10012	丁大陆	销售部	销售代表	男	专科	59XXXX19880717XXXX	1988/7/17	2012/6/22	144XXXXXXXX
SY-10013	程静	销售部	销售代表	女	高中及以下	10XXXX19800916XXXX	1980/9/16	2015/6/16	145XXXXXXXX
SY-10014	谢佳	综合部	行政专员	女	专科	61XXXX19800916XXXX	1998/9/16	2021/6/21	146XXXXXXXX
SY-10015	熊亮宏	销售部	销售代表	男	本科	21XXXX19840523XXXX	1984/5/23	2007/6/29	147XXXXXXXX
SY-10016	张明	生产部	技术员	男	专科	16XXXX19840101XXXX	1984/1/1	2016/3/9	148XXXXXXXX
SY-10017	罗鸿亮	销售部	销售代表	男	高中及以下	34XXXX19940214XXXX	1994/2/14	2018/8/10	149XXXXXXXX
SY-10018	宋沛沛	生产部	质检员	女	高中及以下	51XXXX19880713XXXX	1988/7/13	2014/11/26	150XXXXXXXX
SY-10019	朱小军	销售部	销售代表	男	本科	35XXXX19870723XXXX	1987/7/23	2015/7/23	151XXXXXXXX
SY-10020	王超	生产部	技术员	男	专科	39XXXX19911207XXXX	1991/12/7	2017/2/6	152XXXXXXXX
SY-10021	袁落落	综合部	人事专员	女	本科	47XXXX19920115XXXX	1992/1/15	2018/3/20	153XXXXXXXX
SY-10022	付晓宇	销售部	销售总监	男	研究生	52XXXX19830524XXXX	1983/5/24	2014/5/10	154XXXXXXXX
SY-10023	谭桦	销售部	销售代表	男	专科	11XXXX19900923XXXX	1990/9/23	2017/11/4	155XXXXXXXX

图4-1 "员工档案表"表格

素材所在位置　素材文件\项目四\员工信息.txt

效果所在位置　效果文件\项目四\员工档案表.xlsx

二、相关知识

在本任务制作过程中会涉及Excel 2016工作界面、数据验证等知识，下面进行简单介绍。

（一）认识Excel 2016工作界面

Excel 2016也是Office 2016办公套件中的一个组件，所以，其工作界面与Word 2016工作界面大同小异，Excel 2016工作界面除了快速访问工具栏、标题栏、按钮区、选项卡标签、选项卡、滚动条、状态栏和视图栏等组成部分外，还包括名称框、编辑栏、行号、列标、工作表编辑区和工作表标签等，如图4-2所示。

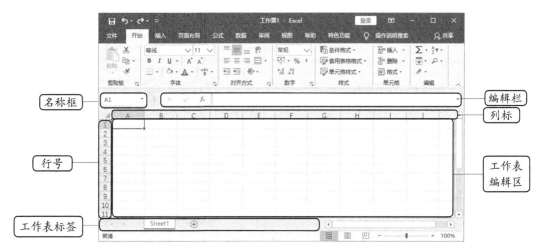

图4-2　Excel 2016工作界面

各组成部分的含义如下。

- **名称框：** 用于显示所选单元格或单元格区域由行号和列标组成的单元格地址或定义的名称。
- **编辑栏：** 用于显示或编辑所选单元格中的内容，单击"取消"按钮 ✕，取消当前所选单元格中输入的内容；单击"输入"按钮 ✓，确认当前所选单元格中输入的内容；单击"插入函数"按钮 f_x，打开"插入函数"对话框。
- **行号：** 用于显示工作表中的行，以1、2、3、4……的形式编号。
- **列标：** 用于显示工作表中的列，以A、B、C、D……的形式编号。
- **工作表编辑区：** 用于编辑表格内容，由一个个单元格组成，每个单元格拥有由行号和列标组成的唯一的单元格地址。
- **工作表标签：** 用于显示当前工作簿中工作表的名称，单击工作表标签中的"新工作表"按钮 ⊕，可插入新工作表。

（二）数据验证

在输入数据时，经常会用Excel表格的数据验证功能对输入的数据进行限制，防止输入无效或错误的数据。在Excel 2016中，数据验证主要体现在4个方面。

- **限制单元格中输入数据的范围和类型：** 通过设置验证条件可以将输入的整数、小数、日期和时间等限制在某个范围内，还可以限制文本的字符长度，甚至可以通过公式将数据限制在某个特定的范围和条件内。其方法为：选择工作表中的单元格或单元格区域，单击【数据】/【数据工具】组中的"数据验证"按钮 ➡，打开"数据验证"对话框，在"设置"选项卡中的"允许"下拉列表框中选择某个验证条件，然后对其进行设置，设置完成后单击 确定 按钮。
- **设置输入提示信息：** 通过设置提示信息可以提醒用户在单元格中可以输入哪些内容，相当于Excel的批注功能。其方法为：选择工作表中的单元格或单元格区域，在"数据验证"对话框中单击"输入信息"选项卡，在"标题"文本框中输入提示标题，在"输入信息"列表框中输入提示信息，设置完成后单击 确定 按钮。
- **出错警告：** 在单元格中输入的数据不在允许的范围内时，将弹出出错提示，这样就能保证单元格中输入数据的准确性。其方法为：选择工作表中的单元格或单元格区域，在"数据验证"对话框中单击"出错警告"选项卡，在"样式"列表框中选择出错警告样式，在"标题"文本框中输入出错提示标题，在"错误信息"列表框中输入出错提示信息，设置完成后单击 确定 按钮。

数据验证设置注意事项

在设置验证条件和输入信息时，可以单独设置，但设置出错警告时，必须先设置验证条件，再设置出错警告，这样才能根据验证条件判断单元格或单元格区域中输入的数据是否有误。

- **圈释无效数据：** 将工作表中不满足验证条件的无效数据圈出来，这样便于查看或编辑。其方法为：选择某一单元格区域，在"数据验证"对话框中设置验证条件后，关闭该对话框，然后单击"数据验证"按钮 ☒ 右侧的下拉按钮 ▾，在弹出的下拉列表中选择"圈释无效数据"选项，将用红色标记圈出表格中的无效数据，如图4-3所示。

图4-3　圈释无效数据

三、任务实施

（一）填充有规律的数据

下面在工作表中输入数据，并利用填充数据的方法填充员工编号，其具体操作如下。

（1）启动Excel 2016，新建一个名为"员工档案表"的空白工作簿，打开该工作簿，在工作表第1行和第2行中输入标题和表字段，在A3单元格中输入"SY-10001"文本，如图4-4所示。

（2）将鼠标指针移动到A3单元格右下角，当鼠标指针变成 ✚ 形状时，按住鼠标左键不放，向下拖曳鼠标，如图4-5所示。

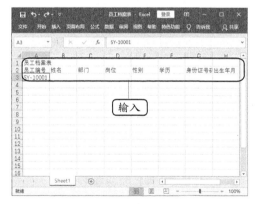

图4-4　输入数据

图4-5　向下填充数据

（3）向下拖曳鼠标至A40单元格后释放鼠标左键，可填充等差为"1"的序列，如图4-6所示。

填充相同的数据

如果是文本数据，则向下填充时会自动填充相同的数据；如果是数字数据，当填充的不是相同的数据时，则需要单击"自动填充选项"按钮 ⊞⁺，在弹出的下拉列表中选中"复制单元格"单选按钮。

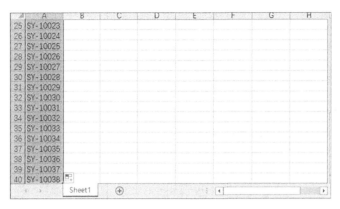

图4-6　填充有规律的数据

（二）限制输入数据

微课视频

限制输入数据

在输入部门、岗位、性别、学历、身份证号码等信息时，经常需要通过数据验证来限制或提示输入的数据是否有误，其具体操作如下。

（1）在"姓名"列中输入员工姓名后，选择C列，单击【数据】/【数据工具】组中的"数据验证"按钮 ，如图4-7所示。

（2）打开"数据验证"对话框，在"设置"选项卡中的"允许"下拉列表框中选择"序列"选项，在"来源"参数框中输入"销售部,综合部,财务部,生产部"文本，单击 确定 按钮，如图4-8所示。

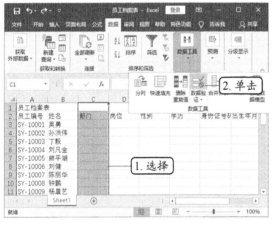

图4-7　单击"数据验证"按钮

图4-8　设置序列

知识提示　　　　　　　　　　　**设置数据验证**

在C列中输入表字段后，再为该列设置数据验证，只要不更改表字段的内容，该列就不会受影响，而且后期增加员工数据记录时，也不用再重新为增加的员工数据记录设置数据验证。

（3）选择C3单元格，单击右侧出现的下拉按钮 ，在弹出的下拉列表中选择"销售部"选项，如图4-9所示。

（4）使用相同的方法选择输入其他员工所在的部门，如图4-10所示。

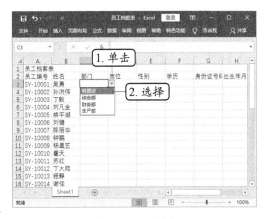

图4-9　下拉列表

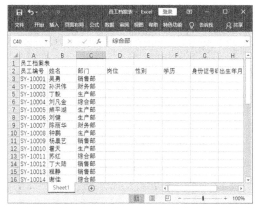

图4-10　选择输入数据

（5）选择D列，打开"数据验证"对话框，单击"输入信息"选项卡，在"标题"文本框中输入"部门岗位"文本，在"输入信息"文本框中输入各部门包含的岗位，单击 确定 按钮，如图4-11所示。

（6）选择D3单元格，将出现岗位信息提示框，然后按照提示输入员工所属部门所在的岗位，如图4-12所示。

图4-11　设置输入提示信息

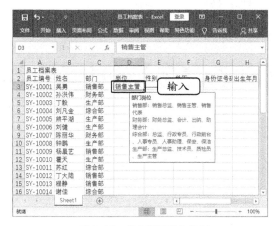

图4-12　根据提示输入数据

（7）使用相同的方法输入其他员工对应的岗位，然后使用为"部门"列设置序列的方法为"性别"和"学历"列添加序列，最后通过序列选择相应的选项。

> **知识提示**　　　　　　　　　**根据部门输入岗位**
>
> 　　一般在设置"岗位"序列时，都是通过部门来确定"岗位"序列中的选项（只显示所属部门包含的岗位），但需要通过定义名称和INDIRECT函数来制作二级下拉列表，因名称和函数的相关知识在后面章节才会讲解，故本任务没有采用该方法。

（8）选择G列，打开"数据验证"对话框，在"设置"选项卡的"允许"下拉列表框中选择"文本长度"选项，在"数据"下拉列表框中选择"等于"选项，在"长度"数值框中输入"18"，如图4-13所示。

（9）单击"出错警告"选项卡，在"样式"下拉列表框中选择"停止"选项，在"标题"文本框中输入"位数不正确"文本，在"错误信息"文本框中输入错误提示内容，单击 确定 按钮，如图4-14所示。

图4-13　设置文本长度验证条件　　　　　　图4-14　设置出错警告

（10）如果在G3单元格中输入的身份证号码位数不等于18，则会打开"位数不正确"提示对话框，单击 重试(R) 按钮，如图4-15所示。

（11）重新选择G3单元格，输入18位数的身份证号码，使用相同的方法输入其他员工的身份证号码，如图4-16所示。

图4-15　出错警告提示　　　　　　　　　图4-16　输入其他员工的身份证号码

知识提示

正确输入身份证号码

在Excel中，如果输入的数字超过11位，则系统默认会以科学记数的数字格式进行显示；如果超过15位，则会自动将15位数后的数字转换为"0"。由于身份证号码的位数超过15位，直接输入时，单元格中的身份证号码将会以科学记数显示，并且编辑栏中后3位数字会显示为"0"。要想让输入的身份证号码正确显示，可先将单元格数字格式设置为"文本"，再输入身份证号码；或者在输入身份证号码前，先输入英文状态下的"'"，可将输入的身份证号码自动转换为文本。

（三）快速填充和分列数据

出生年月一般是从身份证号码中提取出来的，在提取时，可以通过Excel提供的快速填充功能提取身份证号码中代表出生年月的数字，然后通过分列功能将数字转换成日期格式，其具体操作如下。

微课视频

快速填充和分列数据

（1）选择H3单元格，输入G3单元格中代表出生年月的数字"19860212"，向下拖曳鼠标填充至H40单元格，单击"自动填充选项"按钮，在弹出的下拉列表中选中"快速填充"单选按钮，如图4-17所示。

（2）H4：H40单元格区域将自动识别H3单元格数据的规律进行快速填充，选择需要分列的H3:H40单元格区域，单击【数据】/【数据工具】组中的"分列"按钮，如图4-18所示。

图4-17　选中"快速填充"单选按钮　　　　图4-18　单击"分列"按钮

知识提示　　　　　　　　　　**快速填充数据**

快速填充功能可根据当前输入的一组或多组数据，参考前一列或后一列中的数据来识别数据的规律，然后按照规律进行数据填充。当无法识别数据的填充规律时，可多给出几个示例，这样能更准确地识别其规律。

（3）打开"文本分列向导-第1步，共3步"对话框，选中"固定宽度"单选按钮，单击 下一步(N) 按钮，如图4-19所示。

（4）打开"文本分列向导-第2步，共3步"对话框，单击 下一步(N) 按钮，打开"文本分列向导-第3步，共3步"对话框，选中"日期"单选按钮，在其右侧的下拉列表框中选择"YMD"选项，如图4-20所示。

图4-19　选择分列依据　　　　　　　　图4-20　设置列数据格式

（5）单击 完成(E) 按钮返回工作表，可看到单元格区域中的数据以指定的日期格式显示，如图4-21所示。

（6）在"入职时间"和"联系电话"列中输入相应的数据，如图4-22所示。

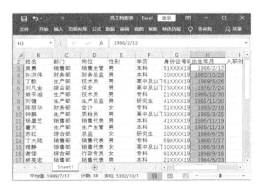

图4-21　查看分列效果　　　　　　　　　　图4-22　输入数据

知识提示　　　　　　　　　　　　　**分列数据**

本任务分列的目的是将单元格中的数据以指定的格式显示。如果要将单元格中的数据分成多列显示，则可以单击"文本分列向导-第2步，共3步"对话框的"数据预览"栏中的标尺，为数据添加分割线，再继续执行其他操作，即可根据分割线来决定将数据分成几列。

（四）设置单元格格式

输入数据后，还需要对单元格字体格式、对齐方式、行高和列宽等进行设置，使表格中的数据更加整齐有序，其具体操作如下。

（1）选择A1单元格，在【开始】/【字体】组中将字体设置为"方正兰亭黑简体"，字号设置为"22"。选择A1:J1单元格区域，单击【开始】/【对齐方式】组中的"合并后居中"按钮 ，如图4-23所示，将所选单元格区域合并为一个大的单元格，且单元格中的文本将居中对齐。

（2）选择A2:J2单元格区域，单击"字体"组中的"加粗"按钮**B**。选择A2:J40单元格区域，单击"对齐方式"组中的"居中"按钮 ，如图4-24所示，使单元格中的文本居中对齐。

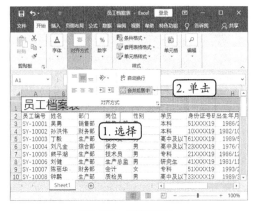
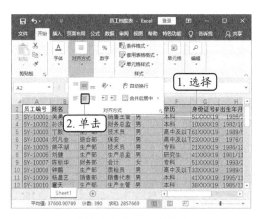

图4-23　合并单元格　　　　　　　　　　图4-24　设置对齐方式

（3）选择A2：J40单元格区域，单击【开始】/【单元格】组中的"格式"按钮▦，在弹出的下拉列表中选择"行高"选项，打开"行高"对话框，在"行高"数值框中输入"20"，单击 确定 按钮，如图4-25所示。

（4）将鼠标指针移动到A列和B列的分割线上，当鼠标指针变成╬形状时，按住鼠标左键不放向右拖曳调整A列列宽，如图4-26所示。

（5）拖曳到合适的位置后释放鼠标左键，然后使用相同的方法根据单元格中数据的多少来调整其他列的列宽。

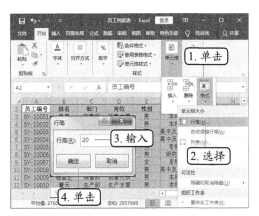

图4-25　设置行高

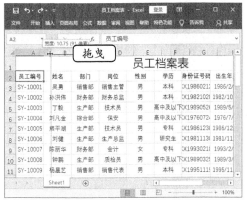

图4-26　调整列宽

（五）应用表格样式

为表格应用表格样式，可以快速对表格的整体进行美化，其具体操作如下。

（1）选择A2:J40单元格区域，单击【开始】/【样式】组中的"套用表格格式"按钮▦，在弹出的下拉列表中选择"蓝色，表样式中等深浅9"选项，如图4-27所示。

（2）打开"套用表格式"对话框，单击 确定 按钮，为选择的单元格区域应用表格样式。保持A2：J40单元格区域的选择状态，单击

微课视频

应用表格样式

【表格工具 设计】/【工具】组中的"转换为区域"按钮▦，打开提示对话框，单击 是(Y) 按钮，如图4-28所示，将应用样式的区域转换为普通区域，并自动删除表字段单元格中的筛选按钮。

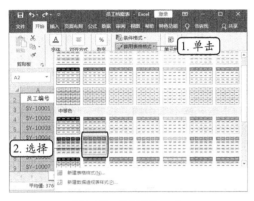

图4-27　选择表格样式

图4-28　转换为普通区域

（六）用密码保护表格

微课视频

用密码保护表格

为了避免他人查看表格中员工的信息，可以为表格设置保护密码，其具体操作如下。

（1）单击"文件"菜单，在打开的界面左侧选择"信息"选项，单击"保护工作簿"按钮🔒，在弹出的下拉列表中选择"用密码进行加密"选项，如图4-29所示。

（2）打开"加密文档"对话框，在"密码"文本框中输入"123456"文本，单击 确定 按钮，打开"确认密码"对话框，再次输入设置的密码"123456"文本，单击 确定 按钮，如图4-30所示。

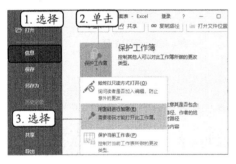

图4-29　选择"用密码进行加密"选项

图4-30　设置保护密码

（3）返回"信息"界面，可以看到"保护工作簿"按钮图标右侧的文字内容发生了变化，并且用黄色底纹和边框突出显示，如图4-31所示。

（4）保存并关闭表格后，重新打开该工作簿时，会打开"密码"对话框，在"密码"文本框中输入设置的密码"123456"，单击 确定 按钮，如图4-32所示，才能打开工作簿，完成本任务的制作。

多学一招　　　　　　　　　　**保护工作表**

　　　　单击【审阅】/【更改】组中的"保护工作表"按钮🔒，打开"保护工作表"对话框，在"取消工作表保护时使用的密码"文本框中输入保护密码，在"允许此工作表的所有用户进行"列表框中设置保护范围，单击 确定 按钮，在打开的"确认密码"对话框中再次输入密码，单击 确定 按钮。

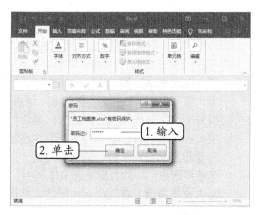

图4-31　查看效果　　　　图4-32　输入密码打开工作簿

任务二　制作"产品订单明细表"表格

产品订单明细表用于记录买方向卖方订购的商品信息，包括产品名称、规格、数量、折扣、单价、订货日期、交货日期等信息，一般是按月进行记录，便于后期统计和分析产品销售情况，买方和商品都可以是不同的。

一、任务目标

本任务将制作"产品订单明细表"表格，主要涉及数据的导入、单元格样式的应用和单元格数字格式的设置等知识。通过本任务的学习，读者可以掌握快速制作和美化表格的方法。本任务制作完成后的最终效果如图4-33所示。

图4-33　"产品订单明细表"表格

素材所在位置　素材文件\项目四\产品订单明细表.accdb

效果所在位置　效果文件\项目四\产品订单明细表.xlsx

二、相关知识

在制作表格时，会涉及导入外部数据和自定义数字格式等相关知识，下面进行简单介绍。

（一）导入外部数据

在Excel中，不仅可以输入需要的数据，还可以直接将其他文件中的数据导入工作表中，如Access数据、文本数据、网站数据和现有连接数据等，其导入方法如下。

- **导入Access数据：** 在Excel中单击【数据】/【获取外部数据】组中的"自Access"按钮 ，打开"选取数据源"对话框，选择需要打开的Access数据库文件，单击 打开(O) 按钮，打开"选择表格"对话框，选择需要导入的表格，单击 确定 按钮，打开"导入数据"对话框，在"请选择该数据在工作簿中的显示方式"栏中根据导入数据的类型和需要选择相应的显示方式，在"数据的放置位置"栏中设置数据导入后的放置位置，单击 确定 按钮，即可将所选表格中的数据导入工作表中。

- **导入文本数据：** 在Excel中单击【数据】/【获取外部数据】组中的"自文本"按钮 ，打开"导入文本文件"对话框，选择需要导入的文本文件，单击 导入(M) 按钮，打开"文本导入向导"对话框，按照提示依次对文件类型、分隔符号和列数据格式进行设置，单击 完成(F) 按钮，如图4-34所示，打开"导入数据"对话框，设置导入方式和导入后的放置位置即可。

- **导入网站数据：** 在Excel中单击【数据】/【获取外部数据】组中的"自网站"按钮 ，打开"新建Web查询"对话框，在"地址"下拉列表框中输入需要导入数据所在的网址，单击 转到(G) 按钮，转到网页，在网页中的表格左侧都会显示一个 按钮，单击该按钮选中要导入的表格，再单击 导入(I) 按钮，打开"导入数据"对话框，设置导入表格的放置位置，单击 确定 按钮，将网页中的表格导入工作表中。

- **现有连接数据：** 在Excel中单击【数据】/【获取外部数据】组中的"现有连接"按钮 ，打开"现有连接"对话框，在"显示"下方的列表框中选择需要连接的外部文档，单击 打开(O) 按钮，打开"导入数据"对话框，设置导入表格的放置位置，单击 确定 按钮，如图4-35所示，将所连接文档中的数据导入工作表中。

图4-34 文本导入向导

图4-35 连接文件

多学一招　　　　　　　　　　　**更新数据**

对于导入的数据，单击【数据】/【连接】组中的"全部刷新"按钮 ，可对工作簿中连接的所有数据进行刷新。

（二）自定义数字格式代码

在表格中处理数值时，往往需要对数字格式进行设置，Excel 2016提供了文本、数值、货币、会计专用、日期、时间、百分比、特殊等8种数字格式，当这些格式不能满足用户需要时，还可以使用格式代码自定义数字格式，常用的自定义数字格式代码如下。

- **G/通用格式：** 以常规的数字显示，相当于数字格式中的"常规"。
- **#（数字占位符）：** 只显示有意义的零而不显示无意义的零，若小数点后面的位数大于"#"的位置，则按照"#"的位数四舍五入，如输入代码"#.##"，"1234.56789"将显示为"1234.57"。
- **0（数字占位符）：** 如果单元格中的内容大于占位符的数量，则显示为实际数字；如果小于占位符的数量，则用0补足，如输入代码"0000"，则"12"将显示为"0012"。
- **@（文本占位符）：** 若使用单个@，则是引用原始文本；若输入代码""文本内容"@"，则表示在数字之前自动添加文本；若输入代码"@"文本内容""，则表示在数字之后自动添加文本；若使用多个@，则可以重复文本，如输入代码"@@@"，则"表格"将显示为"表格表格表格"。
- **,（千位分隔符）：** 为数据添加千位分隔符，如输入代码"#,###"，则"123456"将显示为"123,456"。
- **[颜色]（颜色代码）：** 用指定的颜色显示字符，可设置红色、黑色、黄色、绿色、白色、蓝色、青色和洋红等8种颜色，如输入代码"[红色]"，则单元格中的数据将显示为红色。
- **[条件值]：** 可对单元格中的内容进行判断后再设置格式。条件格式化只限于使用三个条件，其中两个条件是明确的，另一个是除前两个条件外的其他条件。条件要放到方括号中，必须进行简单的比较。如输入代码"[>0]正数;[=0]零;负数"，若单元格数值大于0，则显示为"正数"，等于0显示为"零"，小于0显示为"负数"。

三、任务实施

（一）导入Access数据

对于其他软件中保存的数据，可以通过复制粘贴的方法导入Excel中，或者使用导入外部数据功能导入Excel中，后者更能提高表格的制作效率。下面将Access数据库中的数据导入Excel中，其具体操作如下。

（1）在Excel工作表中单击【数据】/【获取外部数据】组中的"自Access"按钮 ，如图4-36所示。

（2）打开"选取数据源"对话框，在地址栏中选择导入文件的保存位置，选择导入的文件"产品订单明细表.accdb"表格，单击 打开(O) 按钮，如图4-37所示。

微课视频

导入 Access 数据

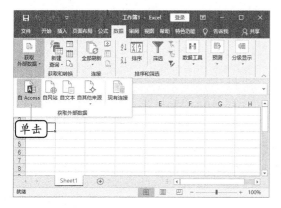

图4-36 单击"自Access"按钮

图4-37 选择数据源文件

（3）打开"选择表格"对话框，在列表框中选择需要导入的"产品订单"表格，单击 确定 按钮，如图4-38所示。

（4）打开"导入数据"对话框，选中"表"单选按钮和"现有工作表"单选按钮，在"现有工作表"下方的参数框中输入"=$A$1"，如图4-39所示。

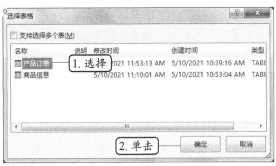

图4-38 选择导入的表格　　　　　　图4-39 设置导入方式和导入位置

多学一招　　　　　　　　　**同时导入多张表格**

　　　　在"选择表格"对话框中选中"支持选择多个表"复选框，可选择多张表格，再单击 确定 按钮，打开"导入数据"对话框，设置导入方式和放置位置，但只能将放置位置设置为"新工作表"。

（5）单击 确定 按钮后，所选表格中的数据将导入Excel工作表中，并自动转换为Excel 2016默认的表格样式，单击【表格工具 设计】/【工具】组中的"转换为区域"按钮 ，打开提示对话框，单击 确定 按钮，如图4-40所示。

（6）表格将转换为普通区域，选择K2:K21单元格区域，单击 按钮，在弹出的下拉列表中选择"转换为数字"选项，如图4-41所示，即可将文本转换为数字，单元格左上角的绿色箭头也随之消失。

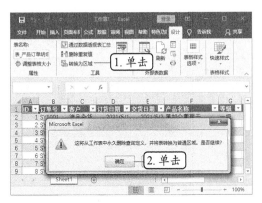

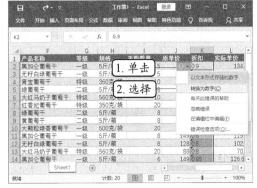

图4-40 转换为普通区域　　　　　　图4-41 将文本转换为数字

知识提示　　　　　　　　　**将文本转换为数字的原因**

　　　　将"折扣"列数据转换为数字是为了方便将该列设置为数字格式，如果不转换，则不能设置数字格式。

（二）应用单元格样式

在美化表格时，除了可套用表格样式外，还可以应用单元格样式进行美化。Excel提供了多种单元格样式，当内置的单元格样式不能满足需要时，可以对已有的单元格样式进行修改，或者根据需要自定义单元格样式，其具体操作如下。

微课视频

应用单元格样式

（1）将工作簿保存为"产品订单明细表"，单击【开始】/【样式】组中的"单元格样式"按钮，在弹出的下拉列表中选择"新建单元格样式"选项，如图4-42所示。

（2）打开"样式"对话框，在"样式名"文本框中输入"自定义样式"文本，单击 格式(O)... 按钮，如图4-43所示。

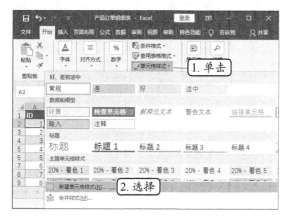

图4-42　选择"新建单元格样式"选项

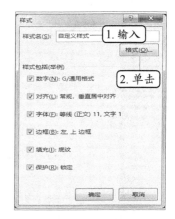

图4-43　新建样式

（3）打开"设置单元格格式"对话框，单击"对齐"选项卡，在"水平对齐"下拉列表框中选择"居中"选项，如图4-44所示。

（4）单击"边框"选项卡，在"颜色"下拉列表框中选择"黑色，文字1"选项，单击"外边框"按钮，为表格添加外框线边框，如图4-45所示。

图4-44　设置对齐方式

图4-45　设置单元格边框

多学一招　　　　　　　　　**通过其他方法添加边框**

在【开始】/【字体】组中单击"边框"按钮 右侧的下拉按钮 ，在弹出的下拉列表中选择边框样式，可为所选单元格区域添加相应的边框；若要添加其他边框，则选择"其他边框"选项，打开"设置单元格格式"对话框，在"边框"选项卡中对边框样式、颜色和应用范围进行设置。

（5）单击"填充"选项卡，在"背景色"栏中选择"白色，背景色1"选项，单击 按钮，如图4-46所示。

（6）返回"样式"对话框，单击 按钮，返回工作表，选择A2:M21单元格区域，在"单元格样式"下拉列表中选择新建的"自定义样式"选项，如图4-47所示。

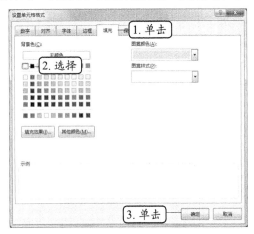

图4-46　设置底纹填充色

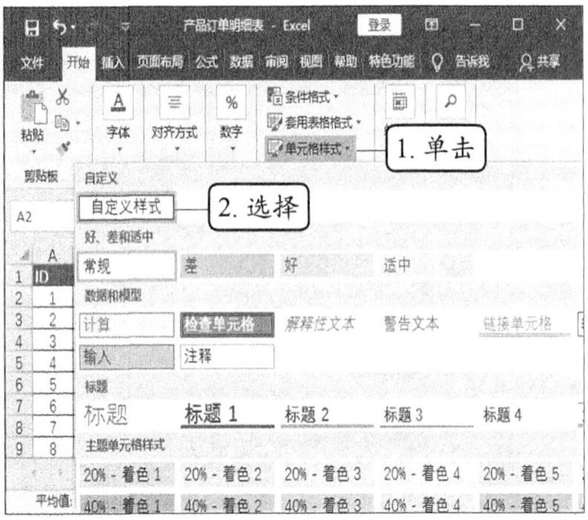

图4-47　应用自定义的单元格样式

（7）选择A1:M1单元格区域，在"单元格样式"下拉列表中选择"输出"样式，再在"输出"样式上单击鼠标右键，在弹出的快捷菜单中选择"修改"命令，如图4-48所示。

（8）打开"样式"对话框，选中"对齐(L)：常规，垂直居中对齐"复选框，选中后会自动出现"常规，垂直居中对齐"字样，单击 按钮，如图4-49所示。

图4-48　选择"修改"命令

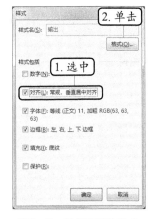

图4-49　选择设置的样式

（9）打开"设置单元格格式"对话框，单击"对齐"选项卡，在"水平对齐"下拉列表框中选择"居中"选项，单击 按钮，返回"样式"对话框，单击 按钮，返回工作表，并自动对修改的单元格样式进行更新。

（三）设置数字格式

为了使表格中的数据显示得更加直观，可以根据数据的特点为数据设置不同的数字格式，其具体操作如下。

（1）选择D2:E21单元格区域，单击【开始】/【数字】组中"常规"下拉列表框右侧的下拉按钮，在弹出的下拉列表中选择"短日期"选项，如图4-50所示。

（2）选择J2:J21和L2:M21单元格区域，单击"数字"组右下角的对话框启动器按钮，如图4-51所示。

（3）打开"设置单元格格式"对话框，在"数字"选项卡中的"分类"列表框中选择"货币"选项，在右侧的"小数位数"数值框中输入"0"，单击 确定 按钮，如图4-52所示。

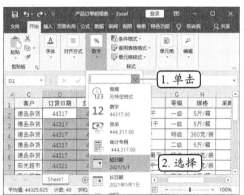

图4-50　选择短日期

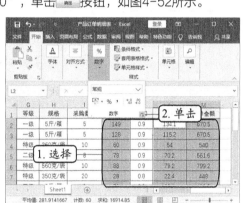

图4-51　单击对话框启动器按钮

知识提示　　　　　　　　　　格式设置提示

在制作表格时，一般是先设置数字格式，再设置单元格样式，但由于设置单元格样式后，日期列数据需要重新设置数字格式，因此本任务先设置单元格样式，再设置数字格式。

（4）选择K2:K21单元格区域，打开"设置单元格格式"对话框，在"数字"选项卡中的"分类"列表框中选择"自定义"选项，在右侧的"类型"列表框中选择"0%"选项，将数字设置为不带小数的百分比，单击 确定 按钮，如图4-53所示，完成本任务的制作。

图4-52　设置货币数字格式

图4-53　自定义数字格式

实训一 制作“办公用品采购申请表”表格

【实训要求】

本实训要求运用本章所学知识制作“办公用品采购申请表”表格，使表格中的数据便于查看，并且排列要整齐。

【实训思路】

首先在表格中输入相应的数据，然后对单元格的字体格式、对齐方式、数字格式等进行设置，最后为表格添加需要的边框。完成后的效果如图4-54所示。

效果所在位置 效果文件\项目四\办公用品采购申请表.xlsx

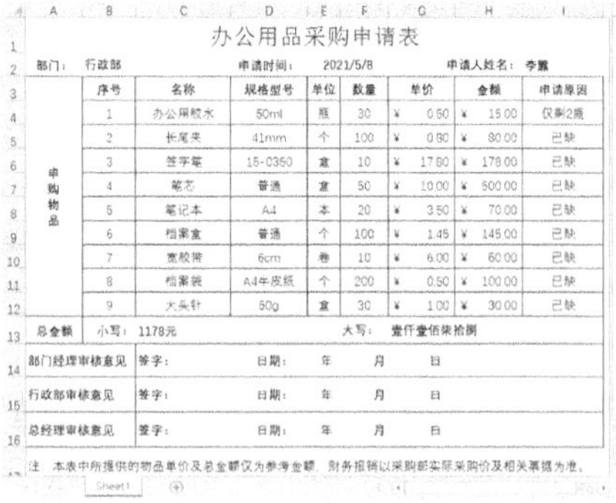

办公用品采购申请表

部门：行政部　申请时间：2021/5/8　申请人姓名：李鹏

	序号	名称	规格型号	单位	数量	单价	金额	申请原因
申购物品	1	办公用胶水	50ml	瓶	30	¥ 0.50	¥ 15.00	仅剩2瓶
	2	长尾夹	41mm	个	100	¥ 0.80	¥ 80.00	已缺
	3	签字笔	15-0350	盒	10	¥ 17.80	¥ 178.00	已缺
	4	笔芯	普通	盒	50	¥ 10.00	¥ 500.00	已缺
	5	笔记本	A4	本	20	¥ 3.50	¥ 70.00	已缺
	6	档案盒	普通	个	100	¥ 1.45	¥ 145.00	已缺
	7	宽胶带	6cm	卷	10	¥ 6.00	¥ 60.00	已缺
	8	档案袋	A4牛皮纸	个	200	¥ 0.50	¥ 100.00	已缺
	9	大头针	50g	盒	30	¥ 1.00	¥ 30.00	已缺
总金额	小写：1178元				大写：壹仟壹佰柒拾捌			
部门经理审核意见	签字：		日期：	年		月		日
行政部审核意见	签字：		日期：	年		月		日
总经理审核意见	签字：		日期：	年		月		日

注：本表中所提供的物品单价及总金额仅为参考金额，财务报销以采购部实际采购价及相关票据为准。

图4-54 “办公用品采购申请表”表格

【步骤提示】

（1）新建一个名为“办公用品申请表”的空白工作簿，在工作表中输入需要的数据。

（2）合并居中A1:I1和A3:A12单元格区域，跨越合并C14:I16单元格区域，然后设置单元格中文本的字体格式和对齐方式。

（3）选择A3单元格，将文字方向设置为“竖排文字”，然后根据需要对表格区域的行高和列宽进行设置。

（4）将“单价”和“金额”列数据设置为“会计专用”数字格式，将G13单元格设置为输入大写金额。

（5）为表格不同的区域添加内置的边框样式或自定义的边框样式。

实训二 制作“公司费用支出明细表”表格

【实训要求】

本实训要求运用本项目所学知识制作“公司费用支出明细表”表格，要求突出显示费用类别和合计行数据。

【实训思路】

本实训可以先对表格的格式进行设置，然后对边框和单元格样式进行设置和应用。完成后的效果如图4-55所示。

素材所在位置 素材文件\项目四\公司费用支出明细表.xlsx

效果所在位置 效果文件\项目四\公司费用支出明细表.xlsx

【步骤提示】

（1）打开“公司费用支出明细表.xlsx”工作簿，对表格中的字体格式、对齐方式和单元格格式等进行相应的设置。

（2）将各月各项支出费用的格式设置为带两位小数的货币格式。

（3）为表格添加内置的“所有框线”边框样式，并为部分行和列应用内置的单元格样式。

图4-55 "公司费用支出明细表"表格

课后练习

（1）本练习将制作"劳动合同签订记录表"表格，效果如图4-56所示。首先导入"劳动合同签订记录.txt"文本文件，然后插入标题行数据，并对单元格格式进行设置，再为"签订年限"列添加数据验证的输入信息提示，最后为表格添加边框和底纹。

素材所在位置　素材文件\项目四\劳动合同签订记录.txt
效果所在位置　效果文件\项目四\劳动合同签订记录表.xlsx

图4-56 "劳动合同签订记录表"表格

（2）本练习将制作"商品出入库明细表"表格，效果如图4-57所示。在输入数据时，需要先对日期列数据设置日期格式，然后对单元格格式以及表格样式进行设置。

效果所在位置　效果文件\项目四\商品出入库明细表.xlsx

					商品出入库明细表						
序号	商品编码	入库时间	单价	数量	规格	经办人	确认人	出库时间	出库数量	提货人	备注
1	H25897102	2021/5/8	¥15.60	20	盒	李可薪	熊小虎	2021/5/9	5	陈怡	
2	78952410S	2021/5/8	¥208.00	100	瓶	沈明佳	熊小虎	2021/5/11	60	李玥	
3	H20145681	2021/5/11	¥108.00	300	瓶	李可薪	熊小虎	2021/5/18	30	张晓珊	
4	Y45872103	2021/5/13	¥88.00	50	件	李可薪	熊小虎	2021/5/18	10	沈佳华	
5	S26314782	2021/5/13	¥58.00	50	件	李可薪	熊小虎	2021/5/23	10	陈德华	
6	A90136740	2021/5/17	¥68.00	20	件	李可薪	熊小虎	2021/5/25	8	蒋婷婷	
7	T24587890	2021/5/18	¥55.00	300	瓶	李可薪	熊小虎	2021/5/25	120	王佳一	
8	H10369741	2021/5/22	¥58.00	200	瓶	李可薪	熊小虎	2021/5/27	105	彭丽丽	
9	D52315892	2021/5/22	¥108.00	100	瓶	李可薪	熊小虎	2021/5/30	50	翏一明	
10	T16403129	2021/5/23	¥218.00	30	件	李可薪	熊小虎	2021/6/6	10	沈佳华	
11	S70412365	2021/5/26	¥186.00	10	件	李可薪	熊小虎	2021/6/6	5	陈明	
12	Y25874123	2021/5/27	¥158.00	50	件	李可薪	熊小虎	2021/6/8	20	蒋婷婷	
13	A97451023	2021/5/29	¥118.00	30	件	李可薪	熊小虎	2021/6/9	15	张晓珊	
14	S12859975	2021/5/31	¥128.00	10	件	李可薪	熊小虎	2021/6/9	5	王佳一	
15	Y48569200	2021/5/31	¥45.00	150	瓶	李可薪	熊小虎	2021/6/11	85	张晓珊	

图4-57 "商品出入库明细表"表格

技能提升

1. 根据单元格的宽度自动换行显示

默认情况下，当单元格中输入的数据超过单元格的宽度时，部分数据将无法显示。如果希望单元格中的数据根据列宽自动换行显示，则可通过设置来实现。其方法是：选择单元格或单元格区域，单击【开始】/【对齐方式】组中的"自动换行"按钮 即可。

2. 使标题行始终显示在开头位置

如果制作的表格行列数较多，在查看数据时就无法显示出表格标题行或左侧的列字段，不利于数据的查看，此时可利用Excel提供的冻结窗格功能来固定标题行或列的位置。其方法是：选择工作表中需要固定行或列的下一行或下一列中的任意单元格，单击【视图】/【窗口】组中的"冻结窗格"按钮 ，在弹出的下拉列表中选择"冻结窗格"选项，即可固定所选单元格前面的行或左边的列，如图4-58所示。

图4-58 冻结窗格

3. 巧用选择性粘贴

Excel提供的选择性粘贴包含的功能非常多，如只粘贴公式、粘贴时进行行列转置、粘贴时执行运算、只粘贴格式等，都是比较常见的数据处理方法，特别是在对大量数据进行批量处理时，能极大地提高工作效率。选择性粘贴的使用方法是：复制工作表中的单元格或单元格区域，选择目标区域，单击"粘贴"按钮 下方的下拉按钮 ，在弹出的下拉列表中选择相应的粘贴选项，或者选择"选择性粘贴"选项，打开"选择性粘贴"对话框，如图4-59所示。在其中选中对应的单选按钮后，单击 确定 按钮，即可将复制的单元格或单元格区域按照指定的方式进行粘贴。

4. 通过条件快速选择单元格

在编辑表格的过程中，如果需要选择的单元格较多且比较分散，则可以通过Excel提供的定位条件功能快速选择工作表中符合条件的所有单元格。其方法是：单击【开始】/【编辑】组中的"查找和选择"按钮 ，在弹出的下拉列表中选择"定位条件"选项，打开"定位条件"对话框，如图4-60所示。选中条件对应的单选按钮或复选框后，单击 确定 按钮，即可根据选择的定位条件选择工作表中符合条件的单元格。

图4-59 "选择性粘贴"对话框　　　　图4-60 "定位条件"对话框

5. 新建表格样式

当Excel提供的表格样式不能满足用户需要时，可以根据实际情况新建表格样式，其方法是：在"套用表格格式"下拉列表中选择"新建表格样式"选项，打开"新建表样式"对话框，在"名称"文本框中输入表样式名称，在"表元素"列表框中选择需要设置格式的表格元素，单击 格式(F) 按钮，打开"设置单元格格式"对话框，在其中可对表样式的字体、边框和填充进行设置，如图4-61所示。完成后单击 确定 按钮，返回"新建表样式"对话框，继续选择其他表元素进行设置。设置完成后，新建的表样式将自动添加到"套用表格格式"下拉列表中。

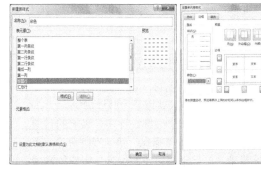

图4-61 新建表格样式

6. 分页预览打印

分页预览打印是指通过分页预览视图对打印页面进行查看和调整。其方法是：单击【视图】/【工作簿视图】组中的"分页预览"按钮，进入分页预览视图，在该视图中可以显示出打印的页数。如果需要调整分页符的位置，则将鼠标指针移动到蓝色的分隔线上，当鼠标指针变成双向箭头时，按住鼠标左键不放进行拖曳，如图4-62所示，拖曳到合适位置后释放鼠标左键，即可调整打印的页数，如图4-63所示。

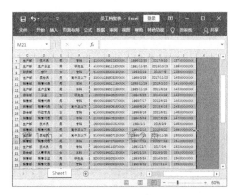
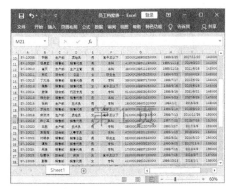

图4-62 调整分页　　　　图4-63 调整分页后的效果

项目五
Excel 表格数据的计算与管理

情景导入

　　米拉花了一上午的时间制作了一份部门工资表，拿给老洪审核时，因工资表中的数据是手动输入的，被老洪狠狠批评了一顿。老洪告诉米拉，表格中的有些数据是需要计算得出的，这样才能便于修改，并且工作效率也会大大提高。于是米拉开始了Excel表格数据的计算与管理的学习。

学习目标

- 掌握制作"工资表"表格的方法。
如SUM、IF、DATEDIF、VLOOKUP、IFERROR、MAX、OFFSET、ROW、COLUMN等函数，数组公式以及合并计算等。
- 掌握突出显示"员工业绩统计表"表格的方法。
如定义名称、内置条件格式、新建规则等。
- 掌握管理"产品销售订单明细表"表格的方法。
如按条件排序、自定义排序、高级筛选、分类汇总等。

素养目标

　　培养严谨的工作态度，提高工作效率。

案例展示

▲ "工资表"表格

▲ "员工业绩统计表"表格

任务一 制作"工资表"表格

工资表又称工资结算表，是用于核算员工工资的一种表格。工资表一般包括工资表和工资条两部分：工资表统计所有员工的工资，包括应发工资、代扣款项和实发金额等部分；而工资条是发放到员工手中的一种依据，可快速查看工资的详细情况。不同的企业、不同的部门，其工资的组成情况会有所不同，需要根据企业实际情况来进行制作。

一、任务目标

本任务将使用Excel制作"工资表"表格，需要运用普通公式、数组、IF函数、SUM函数、MAX函数、VLOOKUP函数、OFFSET函数等计算工资表中的数据和制作工资条。通过学习本任务，读者可掌握使用公式和函数正确计算数据的方法。本任务制作完成后的效果如图5-1所示。

员工编号	姓名	部门	岗位	基本工资	岗位补贴	工龄补贴	提成工资	全勤奖	应发工资	考勤扣款	社保代扣	个人所得税代扣	应扣工资	实发工资
SY-10001	吴勇	销售部	主管	4500	800	450	6481	0	12231	100	495	454	1049	11183
SY-10002	孙洪伟	财务部	总监	10000	1200	300	0	200	11700	0	1100	350	1450	10250
SY-10003	丁毅	生产部	技术员	5000	400	300	3308	200	9208	0	550	156	706	8502
SY-10004	刘凡金	综合部	保安	3000	400	200	0	200	3800	0	330	0	330	3470
SY-10005	熊平湖	生产部	技术员	5000	400	150	2397	0	7947	20	550	71	641	7305
SY-10006	刘健	生产部	总监	12000	1200	350	5430	200	19180	0	1320	1162	2482	16698
SY-10007	陈丽华	财务部	会计	6000	400	250	0	0	6650	40	660	29	729	5922
SY-10008	钟鹏	生产部	质检员	4500	400	150	1819	200	7069	0	495	47	542	6527
SY-10009	杨基艺	销售部	销售代表	3000	400	100	1470	0	4970	20	330	0	350	4620
SY-10010	霍天	生产部	主管	8000	800	450	2715	200	12165	0	880	418	1298	10866
SY-10011	苏红	综合部	总监	8000	1200	350	0	200	9750	0	880	177	1057	8693
SY-10012	丁大陆	销售部	销售代表	3000	400	400	3286	0	7086	60	330	51	441	6645
SY-10013	程静	销售部	销售代表	3000	400	250	1819	200	5669	0	330	10	340	5328
SY-10014	谢佳	综合部	行政专员	4000	400	0	0	0	4400	10	440	0	450	3950
SY-10015	熊亮宏	销售部	销售代表	3000	400	650	3602	200	7852	0	330	76	406	7447
SY-10016	张明	生产部	技术员	5000	400	250	2392	200	8242	0	550	91	631	7611

5月提成　5月考勤　5月工资　工资条　部门工资汇总

5月工资条

员工编号	姓名	部门	岗位	基本工资	岗位补贴	工龄补贴	提成工资	全勤奖	应发工资	考勤扣款	社保代扣	个人所得税代扣	应扣工资	实发工资
SY-10001	吴勇	销售部	主管	4500	800	450	6481	0	12231	100	495	454	1049	11183

5月工资条

员工编号	姓名	部门	岗位	基本工资	岗位补贴	工龄补贴	提成工资	全勤奖	应发工资	考勤扣款	社保代扣	个人所得税代扣	应扣工资	实发工资
SY-10002	孙洪伟	财务部	总监	10000	1200	300	0	200	11700	0	1100	350	1450	10250

5月工资条

员工编号	姓名	部门	岗位	基本工资	岗位补贴	工龄补贴	提成工资	全勤奖	应发工资	考勤扣款	社保代扣	个人所得税代扣	应扣工资	实发工资
SY-10003	丁毅	生产部	技术员	5000	400	300	3308	200	9208	0	550	156	706	8502

5月工资条

员工编号	姓名	部门	岗位	基本工资	岗位补贴	工龄补贴	提成工资	全勤奖	应发工资	考勤扣款	社保代扣	个人所得税代扣	应扣工资	实发工资
SY-10004	刘凡金	综合部	保安	3000	400	200	0	200	3800	0	330		330	3470

5月工资条

员工编号	姓名	部门	岗位	基本工资	岗位补贴	工龄补贴	提成工资	全勤奖	应发工资	考勤扣款	社保代扣	个人所得税代扣	应扣工资	实发工资
SY-10005	熊平湖	生产部	技术员	5000	400	150	2397		7947	20	550	71	641	7305

5月工资条

员工编号	姓名	部门	岗位	基本工资	岗位补贴	工龄补贴	提成工资	全勤奖	应发工资	考勤扣款	社保代扣	个人所得税代扣	应扣工资	实发工资
SY-10006	刘健	生产部	总监	12000	1200	350	5430	200	19180	0	1320	1162	2482	16698

5月提成　5月考勤　5月工资　工资条　部门工资汇总

部门	基本工资	岗位补贴	工龄工资	提成工资	全勤奖	应发工资	考勤扣款	社保代扣	个人所得税代扣	应扣工资	实发工资
销售部	51500	7200	3950	42445	1600	106695	290	5665	1621	7576	99119
财务部	26000	2400	700	0	200	29300	70	2860	379	3309	25992
生产部	68000	6000	3150	29862	1400	108412	170	7480	2275	9925	98487
综合部	30200	3600	900	0	1000	35700	20	3322	177	3519	32181

5月提成　5月考勤　5月工资　工资条　部门工资汇总

图5-1 "工资表"表格

素材所在位置　素材文件\项目五\工资表.xlsx

效果所在位置　效果文件\项目五\工资表.xlsx

二、相关知识

在计算数据时，会涉及公式的复制与填充、单元格的引用、数组和数组公式等相关知识，下面进行简单介绍。

（一）公式的复制与填充

当需要将单元格中的公式运用到同行或同列的其他单元格进行数据计算时，不需要重新输入公式，可直接通过复制和填充公式的方式快速完成同行或同列数据的计算，其方法如下。

- **复制公式：** 选择含公式的单元格，单击【开始】/【剪贴板】组中的"复制"按钮，复制该单元格，选择需要计算的单元格或单元格区域，单击【开始】/【剪贴板】组中"粘贴"按钮下方的下拉按钮，在弹出的下拉列表中选择"公式"选项，如图5-2所示，即可粘贴复制的公式，计算出结果。

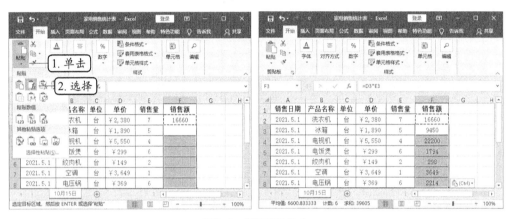

图5-2　复制粘贴公式

- **填充公式：** 选择含公式的单元格，将鼠标指针移动到单元格右下角，当鼠标指针变成➕形状时，按住鼠标左键不放，向下或向右拖曳至目标单元格，释放鼠标左键，即可填充公式并计算出结果。

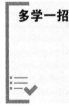

多学一招　　　　　　　　　　**向下填充公式**

选择含公式的单元格，将鼠标指针移动到单元格右下角，当鼠标指针变成➕形状时，双击，公式将向下填充到当前单元格所位于的不间断区域的最后一行；选择含公式的单元格及同行或同列中需要计算的单元格区域，按【Ctrl+D】组合键，可向下填充公式。

（二）单元格的引用

单元格引用是指通过行号和列标来指定要进行运算的单元格地址。在进行计算时，Excel会自动根据单元格地址来寻找单元格，并引用单元格中的数据进行计算。在Excel中，单元格引用包括相对引用、绝对引用和混合引用3种。

- **相对引用：** 是基于包含公式和单元格引用的单元格的相对位置，采用"列字母+行数字"的形式表示，如A1、E12等。如果引用整行或整列，则可省去列标或行号，如2:2表示引用第二行，A:A表示引用A列，也就是第一列。在相对引用中，如果公式所在单元格的位置发生改变，则引用也会随之改变。
- **绝对引用：** 是指包含公式的单元格与引用的单元格之间的位置关系是绝对的。绝对引用不会随单元格位置的改变而改变其结果。如果一个公式的表达式中有绝对引用作为组成元素，则把该公式复制到其他单元格中时，公式中单元格的绝对引用地址始终保持固定不变。绝对引用在单元格的行地址、列地址前都会加上一个"$"符号，如$A$1、$E$2等。

- **混合引用：**是指公式中引用的单元格具有绝对列和相对行或绝对行和相对列等形式。绝对引用列采用如$A1、$B1等形式，绝对引用行采用A$1、B$1等形式。在混合引用中，若公式所在单元格的位置发生改变，则相对引用也将发生改变，而绝对引用不变。

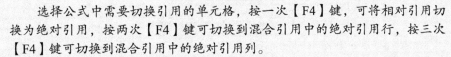

多学一招　　　　　　　　　　**快速切换单元格引用**

　　选择公式中需要切换引用的单元格，按一次【F4】键，可将相对引用切换为绝对引用，按两次【F4】键可切换到混合引用中的绝对引用行，按三次【F4】键可切换到混合引用中的绝对引用列。

（三）数组与数组公式

在进行比较复杂的运算或批量运算时，经常会用到数组和数组公式进行操作，相对普通公式来说，数组公式更加复杂。

- **数组：**数组是由多个数据组成，按一行、一列或多行多列排列而成的。在Excel中，数组分为常量数组、区域数组、内存数组和命名数组4种存在形式，其中，常量数组是由数字、文本、逻辑值、错误值等常量元素组成的，并用花括号"{ }"括起来，各数据间用分号";"（用于分隔不同行数组中的元素）或逗号","（用于分隔同行数组中的各个元素）分隔；区域数组实际上就是对单元格区域中的公式的直接引用；内存数组是指通过公式计算，将返回的多个结果值在内存中构成的数组作为整体直接嵌入其他公式中继续参与计算；命名数组就是用名称来定义一个常量数组、区域数组或内存数组，可以在公式中作为数组来调用。

多学一招　　　　　　　　　　**数组转换技巧**

　　选择公式中需要转换的区域数组，按【F9】键，可快速将公式中选择的区域数组转换为常量数组。

- **数组公式：**数组公式是以数组为参数，通过按【Ctrl+Shift+Enter】组合键完成编辑的特殊公式，它既可以占用一个单元格，也可以占用多个单元格，其返回的结果数量根据占用的单元格数量决定。

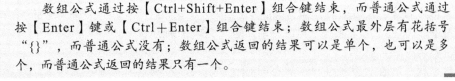

知识提示　　　　　　　　**数组公式与普通公式的区别**

　　数组公式通过按【Ctrl+Shift+Enter】组合键结束，而普通公式通过按【Enter】键或【Ctrl+Enter】组合键结束；数组公式最外层有花括号"{}"，而普通公式没有；数组公式返回的结果可以是单个，也可以是多个，而普通公式返回的结果只有一个。

三、任务实施

（一）计算辅助表格数据

微课视频

计算辅助表格数据

工资表中的很多数据是根据其他表格中的数据计算或引用得到的，所以，在制作工资表时，首先对辅助表格中的一些数据进行计算，如工龄、提成工资、考勤扣款等，其具体操作如下。

（1）打开"工资表.xlsx"工作簿，单击"基本工资"工作表标签，切换到该工作表，选择G2单元格，在编辑栏中输入公式"=DATEDIF("，选择F2单元格，公式中将显示所选单元格的引用地址，如图5-3所示。

（2）在F2后面输入"，"，然后单击【公式】/【函数库】组中的"日期和时间"按钮，在弹出的下拉列表中选择"TODAY"选项，如图5-4所示。

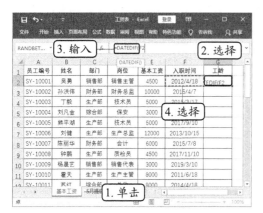

图5-3　选择参与计算的单元格

图5-4　选择日期函数

（3）打开"函数参数"对话框，提示该函数不需要参数，单击 确定 按钮，将"TODAY()"输入公式中，继续输入公式的剩余部分"，"Y")"，如图5-5所示。

知识提示 | **DATEDIF 函数**

　　DATEDIF函数用于计算两个日期之间的天数、月数或年数，是Excel的一个隐藏函数，其语法结构为：DATEDIF(start_date,end_date,unit)，其中，start_date表示开始日期；end_date表示结束日期；unit表示要返回的信息类型，包括"y"（表示返回两个日期值间隔的整年数）、"m"（表示返回两个日期值间隔的整月数）、"d"（表示返回两个日期值间隔的天数）、"md"（表示返回两个日期值间隔的天数，忽略日期中的年和月）、"ym"（表示返回两个日期值间隔的月数，忽略日期中的年）、"yd"（表示返回两个日期值间隔的天数，忽略日期中的年）等。

　　公式"=DATEDIF(F2,TODAY(),"Y")"表示返回入职时间和系统当前日期（TODAY函数表示返回系统当前的日期，虽然没有参数，但函数后面必须带圆括号"()"）这两个时间之间相差的年数。

（4）按【Ctrl+Enter】组合键计算出结果，将鼠标指针移动到G2单元格右下角，当鼠标指针变成╋形状时，向下拖曳鼠标至G39单元格，如图5-6所示。

图5-5　输入公式剩余部分

图5-6　向下填充公式

（5）释放鼠标左键后，即可填充公式计算出其他员工的工龄，如图5-7所示。

（6）单击"5月提成"工作表标签，切换到该工作表，在G2单元格中输入公式"=E2*F2"，按【Ctrl+Enter】组合键计算出结果，向下填充公式至G39单元格，计算出其他员工的提成金额，如图5-8所示。

图5-7　查看计算结果

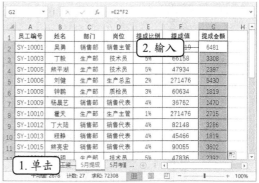

图5-8　计算提成金额

（7）单击"5月考勤"工作表标签，切换到该工作表，选择I2单元格，单击【公式】/【函数库】组中的"插入函数"按钮 *fx*，如图5-9所示。

（8）打开"插入函数"对话框，在"或选择类别"下拉列表框中选择"常用函数"选项，在"选择函数"列表框中选择"SUM"选项，单击 确定 按钮，如图5-10所示。

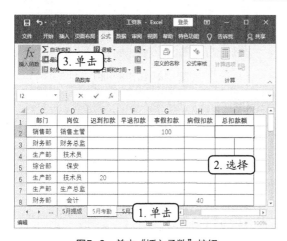

图5-9　单击"插入函数"按钮

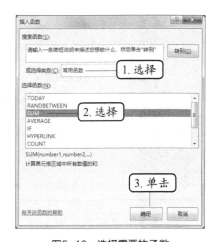

图5-10　选择需要的函数

（9）打开"函数参数"对话框，在"Number1"参数框中输入需要参与求和计算的E2:H2单元格区域，单击 确定 按钮，如图5-11所示。

（10）计算出结果后，向下填充公式至I39单元格，计算出其他员工的总扣款额，如图5-12所示。

（11）选择I2:I39单元格区域，单击【文件】/【选项】菜单命令，打开"Excel选项"对话框，选择"高级"选项，在右侧列表中取消选中"在具有零值的单元格中显示零"复选框，单击 确定 按钮，如图5-13所示。

（12）返回工作表，单元格中的"0"将显示为空白，如图5-14所示。

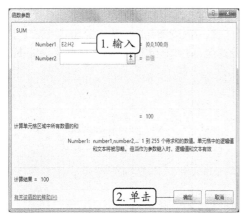

图5-11　设置函数参数

图5-12　查看计算结果

图5-13　设置Excel选项

图5-14　工作表中的0不显示

微课视频

计算工资表数据

（二）计算工资表数据

下面使用公式和函数计算"5月工资"工作表中的数据，其具体操作如下。

（1）单击"5月工资"工作表标签，切换到该工作表，选择E2单元格，在编辑栏中输入公式"=VLOOKUP(A2,)"，将文本插入点定位于公式中的","后，单击"基本工资"工作表标签，如图5-15所示。

（2）切换到"基本工资"工作表，拖曳鼠标选择A1:G39单元格区域，如图5-16所示。

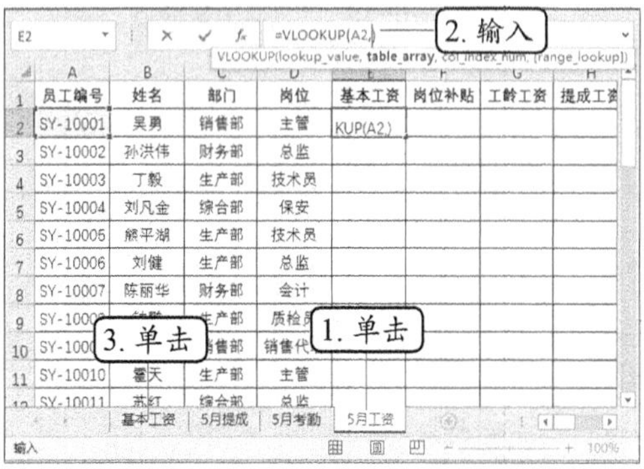

图5-15　输入公式

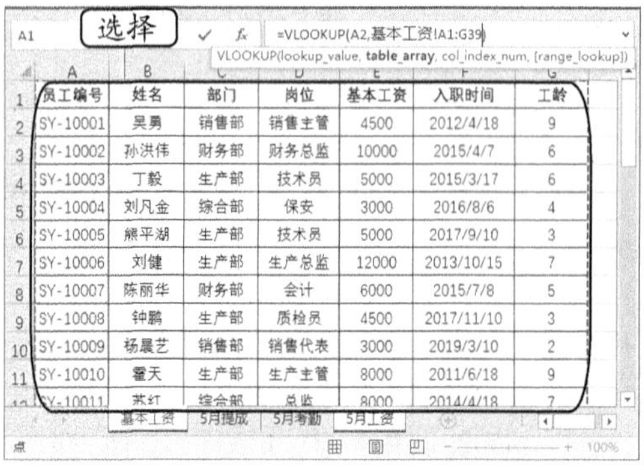

图5-16　跨工作表引用单元格区域

知识提示

跨工作表或工作簿引用

在公式中，引用同一工作簿其他工作表中的单元格或单元格区域时，需要在单元格地址前加上工作表名称和半角叹号“!”，其表述形式为“工作表名称!+单元格引用”；引用其他工作簿工作表中的单元格或单元格区域时，需要在跨工作簿引用的表述形式前加上工作簿名称，其表述形式为“[工作簿名称]+工作表名称!+单元格引用”。

（3）选择公式中的“A1:G39”，按【F4】键切换到绝对引用，将自动切换到“5月工资”工作表，继续输入公式剩余部分“,5,0”，按【Ctrl+Enter】组合键计算出结果，得到员工基本工资，如图5-17所示。

（4）向下填充公式至E39单元格，计算出其他员工的基本工资，如图5-18所示。

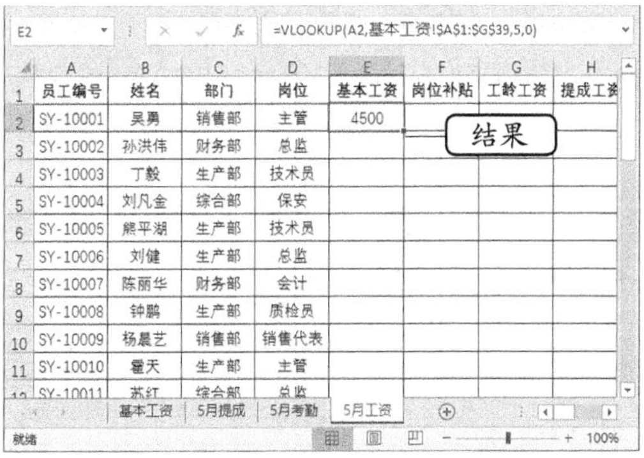

	A	B	C	D	E	F	G	H
1	员工编号	姓名	部门	岗位	基本工资	岗位补贴	工龄工资	提成工资
2	SY-10001	吴勇	销售部	主管	4500			
3	SY-10002	孙洪伟	财务部	总监				
4	SY-10003	丁毅	生产部	技术员				
5	SY-10004	刘凡金	综合部	保安				
6	SY-10005	熊平湖	生产部	技术员				
7	SY-10006	刘健	生产部	总监				
8	SY-10007	陈丽华	财务部	会计				
9	SY-10008	钟鹏	生产部	质检员				
10	SY-10009	杨晨艺	销售部	销售代表				
11	SY-10010	霍天	生产部	主管				
12	SY-10011	苏红	综合部	总监				

图5-17 输入公式计算数据

	A	B	C	D	E	F	G	H
1	员工编号	姓名	部门	岗位	基本工资	岗位补贴	工龄工资	提成工资
2	SY-10001	吴勇	销售部	主管	4500			
3	SY-10002	孙洪伟	财务部	总监	10000			
4	SY-10003	丁毅	生产部	技术员	5000			
5	SY-10004	刘凡金	综合部	保安	3000			
6	SY-10005	熊平湖	生产部	技术员	5000			
7	SY-10006	刘健	生产部	总监	12000			
8	SY-10007	陈丽华	财务部	会计	6000			
9	SY-10008	钟鹏	生产部	质检员	4500			
10	SY-10009	杨晨艺	销售部	销售代表	3000			
11	SY-10010	霍天	生产部	主管	8000			
12	SY-10011	苏红	综合部	总监	8000			

图5-18 计算出其他员工的基本工资数据

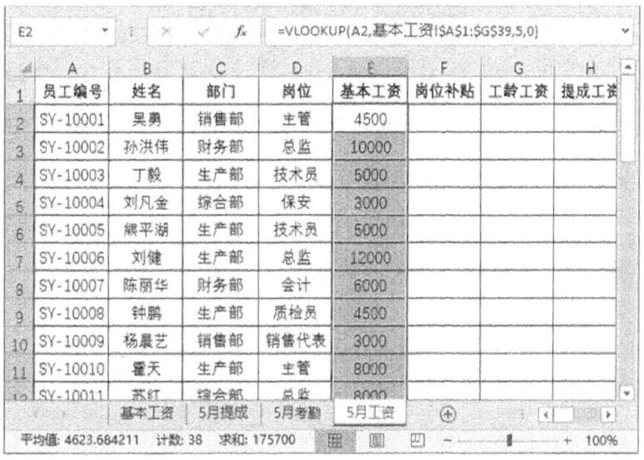

知识提示

VLOOKUP 函数

VLOOKUP函数根据指定的条件在表格或区域中按行查找，并返回符合要求的数据。其语法结构为：VLOOKUP(lookup_value,table_array,col_index_num,range_lookup)，其中，lookup_value表示要查找的值；table_array表示要查找的区域；col_index_num表示要返回查找区域中第几列中的数据；range_lookup表示是精确匹配还是近似匹配，0或FALSE表示精确匹配，1、TRUE或省略表示近似匹配。

（5）在F2单元格中输入公式“=IF(D2="总监",1200,IF(D2="主管",800,400))”，按【Ctrl+Enter】组合键计算出结果，向下填充公式至F39单元格，计算出其他员工的岗位补贴，如图5-19所示。

（6）在G2单元格中输入公式“=基本工资!G2*50”，按【Ctrl+Enter】组合键计算出结果，向下填充公式至G39单元格，计算出其他员工的工龄工资，如图5-20所示。

知识提示

IF 函数

IF函数根据指定的条件判断真假，如果满足条件，则返回一个值；如果不满足条件，则返回另外一个值。其语法结构为：IF(logical_test,value_if_true,value_if_false)，其中，logical_test表示测试条件；value_if_true表示条件成立时要返回的值；value_if_false表示条件不成立时要返回的值。公式“=IF(D2="总监",1200,IF(D2="主管",800,400))”表示D2单元格等于“总监”时，返回“1200”；D2单元格等于“主管”时，返回“800”；D2单元格等于其他时，返回“400”。

图5-19　计算岗位补贴

图5-20　计算工龄工资

（7）在H2单元格中输入公式"=IFERROR(VLOOKUP(A2,'5月提成'!\$A\$1:\$G\$28,7,0),0)"，按【Ctrl+Enter】组合键计算出结果，向下填充公式至H39单元格，计算出其他员工的提成工资，如图5-21所示。

（8）在I2单元格中输入公式"=IF('5月考勤'!I2=0,200,0)"，按【Ctrl+Enter】组合键计算出结果，向下填充公式至I39单元格，计算出其他员工的全勤奖，如图5-22所示。

图5-21　计算员工提成工资

图5-22　计算员工全勤奖

知识提示

IFERROR 函数

　　IFERROR函数用于捕获和处理公式中的错误值，若计算结果为错误值，则返回指定值，否则返回公式计算结果。其语法结构为：IFERROR(value,value_if_error)，其中，value表示是否存在错误的参数，可以是任意值、表达式；value_if_error表示公式计算结果为#N/A、#VALUE! 、#REF! 、#DIV/0! 、#NUM! 、#NAME? 等错误时要返回的值。

（9）在J2单元格中输入公式"=SUM(E2:I2)"，按【Ctrl+Enter】组合键计算出结果，向下填充公式至J39单元格，计算出其他员工的应发工资。

（10）在K2单元格中输入公式"=VLOOKUP(A2,'5月考勤'!\$A\$1:\$I\$39,9,0)"，按【Ctrl+Enter】组合键计算出结果，向下填充公式至K39单元格，计算出其他员工的考勤扣款，如图5-23所示。

（11）在L2单元格中输入公式"=E2*8%+E2*2%+E2*1%"，按【Ctrl+Enter】组合键计算出结果，向下填充公式至L39单元格，计算出其他员工的社保代扣。

知识提示 **社会保险缴纳比例**

社会保险由企业和个人共同承担，工资表中社保代扣的部分是个人需要缴纳的部分。一般来说，养老保险企业缴纳20%，个人缴纳8%；医疗保险企业缴纳7.5%，个人缴纳2%；失业保险企业缴纳2%，个人缴纳1%；工伤保险企业缴纳1%；生育保险企业缴纳0.8%，不同地区的缴纳比例可能会有所不同。另外，社会保险缴纳的基数根据地区或企业也会有所不同，本任务是按照基本工资来算的。

（12）在N2单元格中输入公式"=SUM(K2:M2)"，按【Ctrl+Enter】组合键计算出结果，向下填充公式至N39单元格，计算出其他员工的应扣工资。

（13）在O2单元格中输入公式"=J2-N2"，按【Ctrl+Enter】组合键计算出实发工资，向下填充公式至O39单元格，计算出其他员工的实发工资，如图5-24所示。

图5-23　计算考勤扣款

图5-24　计算实发工资

（三）使用数组公式计算个税

缴纳个人所得税是每个公民应尽的义务，只要税前工资大于个税起征点，就应该按照国家相应的法律法规缴纳。公司员工一般都按月预缴个人所得税，年终时再进行汇算清缴。按月缴纳个人所得税的计算公式为：全月应纳税额＝（全月薪金所得－五险一金－扣除数－专项附加扣除）×适用税率－速算扣除数，专项附加扣除是指子女教育、继续教育、大病医疗、赡养老人、首套房贷、租房支出等抵扣项，每个人的专项附加扣除可能会有所不同，另外，不同阶段的应纳税所得额，对应的税率和速算扣除数也不尽相同，具体如表5-1所示。

微课视频

使用数组公式计算个税

表5-1　个人所得税税率表

级数	全月应纳税所得额	税率（%）	速算扣除数（元）
1	不超过3000元	3	0
2	超过3000元至12000元的部分	10	210
3	超过12000元至25000元的部分	20	1410
4	超过25000元至35000元的部分	25	2660
5	超过35000元至55000元的部分	30	4410
6	超过55000元至80000元的部分	35	7160
7	超过80000元的部分	45	15160

下面使用数组公式对个人所得税进行计算，其具体操作如下。

（1）在M2单元格中输入公式"=MAX((J2-SUM(K2:L2)-5000)*{3,10,20,25,30,35,

45}%-{0,210,1410,2660,4410,7160,15160},0)"，按【Ctrl+Enter】组合键计算出结果，"应扣工资"和"实发工资"列的数据将随之发生变化，如图5-25所示。

（2）向下填充公式至M39单元格，计算出其他员工应缴纳的个人所得税，并将H2:O39单元格区域的数字格式设置为不带小数的数值格式，如图5-26所示。

图5-25　计算个人所得税　　　　　　图5-26　设置数字格式

知识提示　　　　　　　　　　**MAX 函数**

　　MAX函数用于返回一组值中的最大值。其语法结构为：MAX(number1,[number2],...)，其中，number1是必需参数，后续数字是可选的，表示要从中查找最大值的1~255个数字。

　　公式"=MAX((J2-SUM(K2:L2)-5000)*{3,10,20,25,30,35,45}%-{0,210,1410,2660,4410,7160,15160},0)"表示将应发工资减去考勤扣款、社保代扣和起征点"5000"的计算结果与相应税级的税率"{3,10,20,25,30,35,45}%"相乘，乘积结果保存在内存数组中，再用乘积结果减去税率级数对应的速算扣除数"{0,210,1410,2660,4410,7160,15160}"，得到的结果与"0"比较，并返回最大值，得到的就是个人所得税。

微课视频

生成工资条

（四）生成工资条

　　工资条一般是利用函数根据工资表中的数据生成的，生成工资条的具体操作如下。

　　（1）在"5月工资"工作表后面新建"工资条"工作表，在A1:O2单元格区域输入相应的数据，并对单元格格式进行设置。

　　（2）在A3单元格中输入公式"=OFFSET('5月工资'!$A$1,ROW()/3,COLUMN()-1)"，按【Ctrl+Enter】组合键计算出第一位员工的员工编号，如图5-27所示。

　　（3）选择A3单元格，向右填充公式至O3单元格，得到第一位员工的工资数据，选择E3:O3单元格区域，将数字格式设置为不带小数的数值，如图5-28所示。

知识提示　　　　　　　　　　**公式解析**

　　公式"=OFFSET('5月工资'!$A$1,ROW()/3,COLUMN()-1)"中的ROW()表示返回当前单元格行号，因为当前所选单元格是A3，所以返回3；COLUMN()表示返回当前单元格列标，因为A3是第1列，所以返回1。OFFSET函数表示以指定的引用为参照，通过给定偏移量得到新的引用，并可以指定返回的行数或列数，返回的引用可以为一个单元格或单元格区域。所以公式表示以A1单元格为参照，向下偏移1行，向右不偏移，最后返回"5月工资"工作表中A2单元格中的值。

图5-27　引用员工编号

图5-28　引用员工工资数据

（4）选择A1:O3单元格区域，向下填充至O114单元格，得到其他员工的工资条数据，如图5-29所示。

（5）按【Ctrl+H】组合键打开"查找和替换"对话框，在"替换"选项卡中的"查找内容"下拉列表框中输入"*月工资条"文本，在"替换为"下拉列表框中输入"5月工资条"文本，单击查找全部(I)按钮，在对话框下方的列表框中将显示查找到的结果，如图5-30所示。

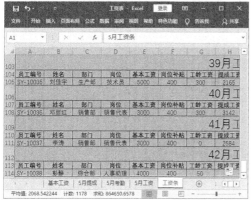

图5-29　向下填充数据

图5-30　查找数据

（6）单击全部替换(A)按钮，对查找到的数据进行替换，并在打开的提示对话框中显示完成替换的数目，单击确定按钮，如图5-31所示。

（7）返回工作表后，可查看查找和替换工资条标题后的效果，如图5-32所示。

图5-31　替换数据

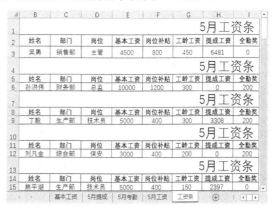

图5-32　查看效果

（五）使用合并计算功能按部门汇总工资

微课视频

按部门汇总工资

　　使用函数按部门汇总工资数据会比较复杂，此时，可使用Excel提供的合并计算功能快速实现汇总，其具体操作如下。

　　（1）在"工资条"工作表后面新建"部门工资汇总"工作表，选择A1单元格，单击【数据】/【数据工具】组中的"合并计算"按钮 ，如图5-33所示。

　　（2）打开"合并计算"对话框，在"函数"下拉列表框中选择"求和"选项，单击"引用位置"参数框右侧的 按钮，缩小对话框，切换到"5月工资"工作表，拖曳鼠标选择C1:O39单元格区域，单击 按钮，如图5-34所示。

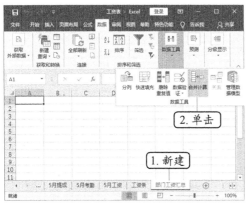

图5-33　单击"合并计算"按钮

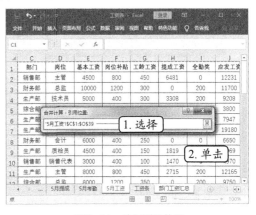

图5-34　选择引用位置

　　（3）展开对话框，单击 添加(A) 按钮，将引用区域添加到"所有引用位置"列表框中，在"标签位置"栏中选中"首行"和"最左列"复选框，如图5-35所示。

　　（4）单击 确定 按钮，计算出各部门各项工资的总额，删除"岗位"列，并对表格区域的格式进行设置，如图5-36所示，完成本任务的制作。

图5-35　设置合并计算

图5-36　查看汇总数据

任务二　突出显示"员工业绩统计表"表格

员工业绩统计表是把员工销售产品的销售额或销售数据量进行统计，便于对公司整体的销售情况和员工的销售情况进行分析。在统计时既可以按月统计、按季度统计、按半年统计，也可以按年统计，视公司情况选择合适的统计时间。

一、任务目标

本任务将先计算员工全年累计业绩，再突出显示"员工业绩统计表"表格中符合条件的数据，以便查看和分析数据，主要用到定义名称和条件格式等知识。本任务制作完成后的最终效果如图5-37所示。

	A	B	C	D	E	F	G
1	员工姓名	所属分店	第一季度	第二季度	第三季度	第四季度	全年累计业绩
2	陈丽华	滨海店	¥150,000	¥190,000	¥100,000	¥75,000	¥515,000
3	吴勇	机场店	¥19,000	¥30,000	¥250,000	¥23,000	¥322,000
4	李欣	滨海店	¥95,000	¥80,000	¥190,000	¥250,000	¥615,000
5	袁落落	阳城店	¥5,000	¥21,000	¥250,000	¥20,000	¥296,000
6	谢佳	机场店	¥70,000	¥11,000	¥170,000	¥200,000	¥451,000
7	程静	阳城店	¥35,000	¥119,000	¥90,000	¥27,000	¥271,000
8	廖玉万	机场店	¥108,900	¥23,000	¥80,000	¥25,000	¥236,900
9	丁毅	滨海店	¥30,000	¥109,000	¥50,000	¥100,000	¥289,000
10	吴芳娜	机场店	¥120,000	¥50,000	¥140,000	¥123,000	¥433,000
11	苏红	阳城店	¥27,000	¥70,000	¥127,000	¥89,000	¥313,000
12	刘健	滨海店	¥138,000	¥40,000	¥23,000	¥250,000	¥451,000
13	杨晨艺	阳城店	¥121,030	¥100,000	¥123,000	¥200,000	¥544,030
14	钟鹏	滨海店	¥24,000	¥80,000	¥43,000	¥70,000	¥217,000
15	霍天	机场店	¥200,000	¥113,000	¥120,000	¥150,000	¥583,000
16	杨辰	阳城店	¥40,000	¥94,000	¥110,000	¥104,000	¥348,000

2021年

图5-37　"员工业绩统计表"表格

素材所在位置　素材文件\项目五\员工业绩统计表.xlsx

效果所在位置　效果文件\项目五\员工业绩统计表.xlsx

二、相关知识

本任务在制作过程中会涉及定义名称和条件格式等相关知识，下面进行简单介绍。

（一）名称命名规则

给单元格区域、数据常量或公式定义名称，可以简化公式、增强公式的可读性，常见于数据验证、条件格式和动态图表的制作，便于创建、更改和调整数据。在定义名称时，需要遵循命名规则，否则Excel会打开图5-38所示的提示对话框进行提示。

- 名称可以包含字母、汉字、数字，以及"_""."".?"3种符号。另外，名称必须以字母、汉字或下画线"_"开头，不能以数字开头。
- 名称可以是纯文字、纯字母，但不能是纯数字。
- 名称中的字母不区分大小写，长度不能超过255个字符，定义的名称尽量便于记忆且简短，

图5-38　提示对话框

否则毫无意义。

- 名称不能与单元格引用相同，也不能以字母"C""c""R"或"r"作为名称，因为"R""C"在 R1、C1单元格引用样式中表示工作表的行、列。
- 名称中不能包含空格，如果名称由多个部分组成，则可以使用下画线"_"或点"."连接各部分。

（二）5种内置的条件格式

Excel提供了突出显示单元格规则、最前/最后规则、数据条、色阶和图标集5种内置的条件格式类型，可以使表格中的数据按照指定的条件进行判断，并返回指定的格式，以突出显示表格中重要的数据。

- **突出显示单元格规则：** 用于突出显示工作表中满足某个条件的数据，如大于某个数据、小于某个数据、等于某个数据、介于某两个数据之间、文本包含某个数据等。其方法为：选择需要突出显示的单元格区域，单击【开始】/【样式】组中的"条件格式"按钮▦，在弹出的下拉列表中选择"突出显示单元格规则"选项，在弹出的子列表中选择某个条件，在打开的对话框中设置满足的条件和格式，单击 确定 按钮，即可按设置的格式突出显示满足条件的数据。
- **最前/最后规则：** 用于突出显示前几项、后几项、高于平均值或低于平均值的数据等。其方法为：选择需要突出显示的单元格区域，在"条件格式"下拉列表中选择"最前/最后规则"选项，在弹出的子列表中选择某个条件，在打开的对话框中设置满足的条件和格式，单击 确定 按钮，即可按设置的格式突出显示对应的数据。

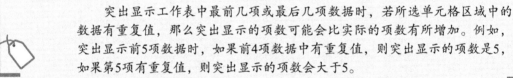

知识提示　　　　　　　　　　**最前 / 最后规则**

突出显示工作表中最前几项或最后几项数据时，若所选单元格区域中的数据有重复值，那么突出显示的项数可能会比实际的项数有所增加。例如，突出显示前5项数据时，如果前4项数据中有重复值，则突出显示的项数是5，如果第5项有重复值，则突出显示的项数会大于5。

- **数据条：** 用于标识单元格值的大小，数据条越长，表示单元格中的值越大，反之，表示值越小。其方法为：选择需要突出显示的单元格区域，在"条件格式"下拉列表中选择"数据条"选项，在弹出的子列表中选择需要的数据条选项即可，如图5-39所示。
- **色阶：** 将不同范围内的数据用不同的渐变颜色区分。其方法为：选择需要突出显示的单元格区域，在"条件格式"下拉列表中选择"色阶"选项，在弹出的子列表中选择需要的色阶选项即可，如图5-40所示。

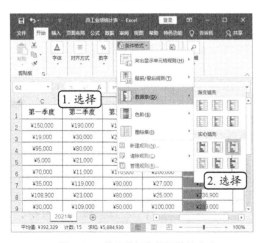
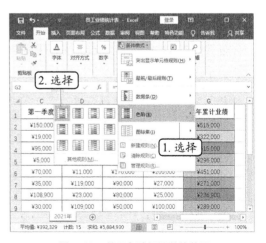

图5-39　使用数据条标识数值大小　　　　　图5-40　使用色阶标识数值范围

- **图标集：** 以不同的形状或颜色表示数据的大小，可以按阈值将数据分为3～5个类别，每个图标代表一个数值范围。其方法为：选择需要突出显示的单元格区域，在"条件格式"下拉列表中选择"图标集"选项，在弹出的子列表中选择需要的图标集选项即可。

三、任务实施

（一）新建名称计算全年累计业绩

将需要参与计算的数据区域定义为名称后，在公式中可直接使用定义的名称进行计算，其具体操作如下。

微课视频

新建名称计算全年
累计业绩

（1）打开"员工业绩统计表.xlsx"工作簿，选择C2:C16单元格区域，单击【公式】/【定义的名称】组中的"定义名称"按钮，如图5-41所示。

（2）打开"新建名称"对话框，在"名称"文本框中输入"一季度"文本，在"引用位置"参数框中确认名称引用的单元格区域，单击确定按钮，如图5-42所示。

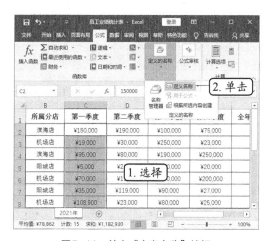

图5-41　单击"定义名称"按钮

图5-42　新建名称

> **知识提示** **名称的适用范围**
>
> Excel定义的名称适用范围包括工作簿和工作表两种，新建名称时，名称默认的适用范围是工作簿，也就是说，在同一工作簿的其他工作表中也能使用该名称；若名称的适用范围是工作表，则在该工作表中可直接使用，若要在同一工作簿的其他工作表中使用，则需要在名称前加"工作表名称"和英文状态的感叹号"!"。

（3）使用相同的方法将"第二季度""第三季度""第四季度"的名称定义为"二季度""三季度"和"四季度"，然后在G2单元格中输入"="，单击"定义的名称"组中的"用于公式"按钮，在弹出的下拉列表中将显示定义的名称，选择需要参与计算的"一季度"选项，如图5-43所示。

（4）在"一季度"后面输入运算符"+"，在"用于公式"下拉列表中选择"二季度"选项，如图5-44所示。

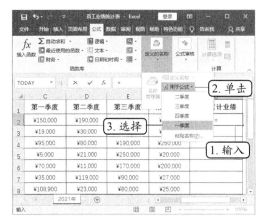

图5-43　选择名称用于公式

图5-44　选择"二季度"名称

（5）继续输入运算符"+"和选择需要参与计算的"三季度"和"四季度"名称，如图5-45所示。

（6）按【Ctrl+Enter】组合键计算出第一位员工的全年累计业绩，向下填充公式至G16单元格，计算出其他员工的全年累计业绩，如图5-46所示。

图5-45　继续输入公式

图5-46　查看计算结果

多学一招　　　　　　　　　　管理名称

单击"定义的名称"组中的"名称管理器"按钮，打开"名称管理器"对话框，在其中显示了工作簿中定义的名称，在"引用位置"参数框中可对所选名称的引用位置进行设置。单击 新建(N)... 按钮，可打开"新建名称"对话框新建名称；单击 编辑(E)... 按钮，可打开"编辑名称"对话框，对所选名称进行修改；单击 删除(D) 按钮，可删除当前选择的名称。

微课视频

使用内置条件格式
突出数据

（二）使用内置条件格式突出数据

下面使用内置的突出显示单元格规则和最前/最后规则突出显示表格中符合条件的数据，其具体操作如下。

（1）选择B2:B16单元格区域，单击【开始】/【样式】组中的"条件格式"按钮，在弹出的下拉列表中选择"突出显示单元格规则"选项，在弹出的子列表中选择"文本包含"选项，如图5-47所示。

（2）打开"文本中包含"对话框，在"为包含以下文本的单元格设置格式"参数框中输入"滨海店"文本，在"设置为"下拉列表框中选择"红色文本"选项，单击 <u>确定</u> 按钮，如图5-48所示，所选单元格区域中符合条件的数据将以红色文本显示。

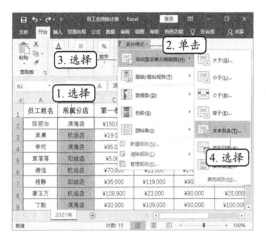

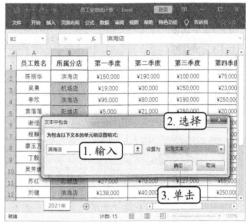

图5-47　选择突出显示单元格规则	图5-48　设置条件

（3）选择G2:G16单元格区域，单击"条件格式"按钮 ，在弹出的下拉列表中选择"最前/最后规则"选项，在弹出的子列表中选择"前10项"选项，如图5-49所示。

（4）打开"前10项"对话框，在"为值最大的那些单元格设置格式"数值框中输入"5"，在"设置为"下拉列表框中选择"浅红填充色深红色文本"选项，单击 <u>确定</u> 按钮，如图5-50所示，所选单元格区域中符合条件的数据将以指定格式显示。

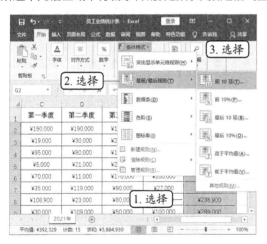

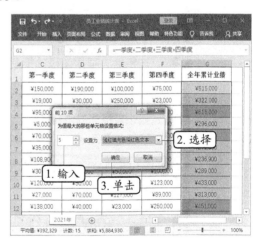

图5-49　选择最前/最后规则条件	图5-50　设置前5项单元格格式

多学一招　　　　　　　　　　**清除条件格式**

在"条件格式"下拉列表中选择"清除规则"选项，在弹出的子列表中选择"清除所选单元格的规则"选项，可清除当前所选单元格或单元格区域中的条件格式；选择"清除整个工作表中的规则"选项，可清除整个工作表中的所有条件格式。

（三）新建条件格式

微课视频
新建条件格式

当内置的条件格式不能满足需要时，可以根据需要新建规则，其具体操作如下。

（1）选择C2:F16单元格区域，单击"条件格式"按钮，在弹出的下拉列表中选择"新建规则"选项，如图5-51所示。

（2）打开"新建格式规则"对话框，在"选择规则类型"列表框中选择"基于各自值设置所有单元格的格式"选项，在"格式样式"下拉列表框中选择"图标集"选项，在第一个"图标"下拉列表框中选择"红旗"选项，在第一个"类型"下拉列表框中选择"数字"选项，在第一个"值"参数框中输入"100000"，将第二个和第三个图标设置为"无单元格图标"，如图5-52所示。

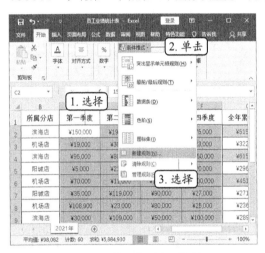

图5-51 选择"新建规则"选项

图5-52 新建规则

（3）单击 确定 按钮后，根据新建的规则使用图标集突出显示符合条件的数值，如图5-53所示。

（4）选择A2:G16单元格区域，打开"新建格式规则"对话框，在"选择规则类型"列表框中选择"使用公式确定要设置格式的单元格"选项，在"为符合此公式的值设置格式"参数框中输入公式"=$B2="机场店""，单击 格式(F) 按钮，如图5-54所示。

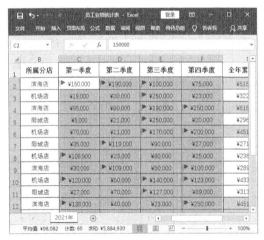

图5-53 查看突出显示结果

图5-54 根据公式新建规则

（5）打开"设置单元格格式"对话框，单击"填充"选项卡，在"背景色"栏中选择黄色色块，单击 确定 按钮，如图5-55所示。

（6）返回"新建格式规则"对话框，单击 确定 按钮，返回工作表，可查看突出显示符合公式条件的数据，如图5-56所示，完成本任务的制作。

图5-55　设置填充格式

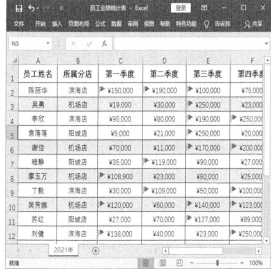

图5-56　查看突出显示数据

多学一招　　　　　　　　　　**管理条件格式**

在"条件格式"下拉列表中选择"管理规则"选项，打开"条件格式规则管理器"对话框，在"显示其格式规则"下拉列表框中选择"当前工作表"选项，下方的列表框中将显示当前工作表中的所有条件格式，单击 编辑规则(E)... 按钮，打开"编辑格式规则"对话框，可对选择的条件规则进行修改；在条件对应的"应用于"参数框中可对条件应用的单元格区域进行更改；单击 删除规则(D) 按钮，可删除当前选择的条件规则，设置完成后，单击 确定 按钮即可。

任务三　管理"产品销售订单明细表"表格

产品销售订单明细表是对企业产品的销售订货进行管理，对整个销售过程进行追踪，包括订购客户、订购日期、发货日期、数量、单价、总价以及折扣等，有助于企业对销售订单进行统计和分析，也便于企业对销售计划和产品库存进行更加细致而全面的管理。本任务将对"产品销售订单明细表"中的数据进行管理。

一、任务目标

本任务将通过Excel提供的排序、筛选和分类汇总功能对表格中的数据进行管理，以便于查看和分析。本任务制作完成后的部分效果如图5-57所示。

素材所在位置　素材文件\项目五\产品销售订单明细表.xlsx

效果所在位置　效果文件\项目五\产品销售订单明细表.xlsx

	A	B	C	D	E	F	G	H	I	J	K	L
1	销售人	订单编号	订购客户	订购日期	到货日期	发货日期	运货商	产品名称	单价（元）	数量（箱）	优惠	总价（元）
2	赖玉琪	10814	千固	2021/1/5	2021/2/2	2021/1/14	联邦货运	花奶酪	34	20	0.00	680.00
3	赖玉琪	10814	千固	2021/1/5	2021/2/2	2021/1/14	联邦货运	花奶酪	34	20	0.00	680.00
4	赖玉琪	10814	千固	2021/1/5	2021/2/2	2021/1/14	联邦货运	花奶酪	34	8	0.00	272.00
5	赖玉琪	10814	千固	2021/1/5	2021/2/2	2021/1/14	联邦货运	花奶酪	34	30	0.00	1,020.00
6	王菲菲	10850	千固	2021/1/23	2021/3/6	2021/1/30	急速快递	德国奶酪	38	20	0.00	760.00
7	王菲菲	10850	千固	2021/1/23	2021/3/6	2021/1/30	急速快递	德国奶酪	38	4	0.00	152.00
8	王菲菲	10850	千固	2021/1/23	2021/3/6	2021/1/30	急速快递	德国奶酪	38	30	0.00	1,140.00
9	刘英玫	10450	千固	2021/2/19	2021/3/19	2021/3/11	统一包裹	四喜糖	31	20	0.15	527.00
10	刘英玫	10450	千固	2021/2/19	2021/3/19	2021/3/11	统一包裹	四喜糖	31	6	0.15	158.10
11	胡勇	10478	千固	2021/3/18	2021/4/1	2021/3/26	联邦货运	运动饮料	18	20	0.00	360.00
12	王菲菲	10546	千固	2021/5/23	2021/6/20	2021/5/27	联邦货运	四喜糖	31	10	0.15	263.50
13	王菲菲	10546	千固	2021/5/23	2021/6/20	2021/5/27	联邦货运	四喜糖	31	30	0.15	790.50
14	王菲菲	10546	千固	2021/5/23	2021/6/20	2021/5/27	联邦货运	四喜糖	31	40	0.15	1,054.00
15	赖玉琪	10806	千固	2021/6/23	2021/7/2	2021/6/27	统一包裹	运动饮料	18	20	0.00	360.00
16	赖玉琪	10251	千固	2021/7/8	2021/8/5	2021/7/15	急速快递	花奶酪	34	6	0.00	204.00
17	赖玉琪	10251	千固	2021/7/8	2021/8/5	2021/7/15	急速快递	花奶酪	34	15	0.00	510.00
18	赖玉琪	10251	千固	2021/7/8	2021/8/5	2021/7/15	急速快递	花奶酪	34	20	0.00	680.00
19	赖玉琪	10806	千固	2021/12/31	2022/1/28	2022/1/5	统一包裹	运动饮料	18	2	0.00	36.00
20	赖玉琪	10806	千固	2021/12/31	2022/1/28	2022/1/5	统一包裹	运动饮料	18	15	0.00	270.00
21			千固 汇总							336		9,917.10

2021年　1月订购记录

	A	B	C	D	E	F	G	H	I	J	K	L
1	订购日期											
2	<=2021/1/31											
3												
4	销售人	订单编号	订购客户	订购日期	到货日期	发货日期	运货商	产品名称	单价	数量	折扣	总价
5	赖玉琪	10814	千固	2021/1/5	2021/2/2	2021/1/14	联邦货运	花奶酪	34	20	0.00	680.00
6	赖玉琪	10814	千固	2021/1/5	2021/2/2	2021/1/14	联邦货运	花奶酪	34	20	0.00	680.00
7	赖玉琪	10814	千固	2021/1/5	2021/2/2	2021/1/14	联邦货运	花奶酪	34	8	0.00	272.00
8	赖玉琪	10814	千固	2021/1/5	2021/2/2	2021/1/14	联邦货运	花奶酪	34	30	0.00	1,020.00
9	赖玉琪	10817	永业食品	2021/1/6	2021/1/20	2021/1/13	统一包裹	四喜糖	31	40	0.15	1,054.00
10	赖玉琪	10817	永业食品	2021/1/6	2021/1/20	2021/1/13	统一包裹	四喜糖	31	30	0.15	790.50
11	赖玉琪	10817	永业食品	2021/1/6	2021/1/20	2021/1/13	统一包裹	四喜糖	31	60	0.15	1,581.00
12	赖玉琪	10817	永业食品	2021/1/6	2021/1/20	2021/1/13	统一包裹	四喜糖	31	25	0.15	658.75
13	刘英玫	10824	五洲信托	2021/1/9	2021/2/6	2021/1/30	急速快递	德国奶酪	38	12	0.00	456.00
14	刘英玫	10824	五洲信托	2021/1/9	2021/2/6	2021/1/30	急速快递	德国奶酪	38	9	0.00	342.00
15	王菲菲	10850	千固	2021/1/23	2021/3/6	2021/1/30	急速快递	德国奶酪	38	20	0.00	760.00
16	王菲菲	10850	千固	2021/1/23	2021/3/6	2021/1/30	急速快递	德国奶酪	38	4	0.00	152.00
17	王菲菲	10850	千固	2021/1/23	2021/3/6	2021/1/30	急速快递	德国奶酪	38	30	0.00	1,140.00
18	张晓婷	10849	永业食品	2021/1/23	2021/2/20	2021/1/30	统一包裹	德国奶酪	38	49	0.00	1,862.00
19	张晓婷	10849	永业食品	2021/1/23	2021/2/20	2021/1/30	统一包裹	德国奶酪	38	18	0.00	684.00

2021年　1月订购记录

图5-57 “产品销售订单明细表”表格

二、相关知识

Excel提供了多种排序和筛选方式，用户在管理数据时，可以根据数据的特点和需求来选择合适的排序和筛选方式。下面对排序和筛选方式进行简单介绍。

（一）排序方式

排序就是使表格中的数据记录按照某个或某些关键字来进行递增或递减排列。Excel 2016有简单排序、按条件排序、自定义排序、按笔画排序4种排序方式，其使用方法如下。

- **简单排序：** 选择数据区域中的任意单元格，单击【数据】/【排序和筛选】组中的“升序”按钮或“降序”按钮，如果所选单元格所在的行或列是文本，则按照第一个字的字母先后顺序排列；如果所选单元格所在的行或列是数字，则按照数字的大小排列。
- **按条件排序：** 选择数据区域中的任意单元格，单击【数据】/【排序和筛选】组中的“排序”按钮，打开“排序”对话框，设置主要条件的排序列、排序依据和排序次序，如果主要条件中存在很多重复值，则还可以单击“添加条件(A)”按钮添加次要条件，当主要条件的部分值相同时，可按照次要条件继续排序，设置完成后单击“确定”按钮。

知识提示

按多条件排序

使用多条件进行排序时，主要条件只能有一个，次要条件可以有多个，且排序时，先按照主要条件排序，再按照次要条件添加的先后顺序排序。

- **自定义排序：** 打开“排序”对话框，设置完主要条件的排序列和排序依据后，在“次序”下拉列表框中选择“自定义序列”选项，打开“自定义序列”对话框，在“输入序列”列表框中输入排序顺序，单击 添加(A) 按钮即可添加该序列到"自定义序列"列表框中，单击 确定 按钮，返回"排序"对话框，单击 确定 按钮，即可按照输入的序列顺序进行排序。

- **按笔划排序：** 打开"排序"对话框，单击 选项(O) 按钮，打开"排序选项"对话框，选中"方法"栏中的"笔划排序"单选按钮，如图5-58所示，单击 确定 按钮，返回"排序"对话框，单击 确定 按钮，即可按照文字笔画进行排序。

图5-58　笔划排序

多学一招　　　　　　　　　　**排序的其他方法**

单击【开始】/【编辑】组中的"排序和筛选"按钮，在弹出的下拉列表中选择"升序""降序"或"自定义排序"命令，即可进行数据排序。

（二）筛选方式

筛选是指将表格中符合条件的数据筛选出来，且不符合条件的数据将被隐藏。Excel 2016提供自动筛选和高级筛选两种方式，下面对筛选方式进行简单介绍。

- **自动筛选：** 选择数据区域中的任意单元格，单击【数据】/【排序和筛选】组中的"筛选"按钮，将自动为字段行中的单元格右下角添加筛选按钮，单击某个字段后面的筛选按钮，在弹出的下拉列表中选择"文本筛选"或"数字筛选"选项，在弹出的子列表中选择筛选条件，打开"自定义自动筛选方式"对话框，输入筛选条件，如图5-59所示，单击 确定 按钮，即可按照输入的筛选条件进行筛选。

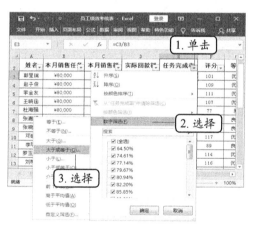

图5-59　自动筛选

知识提示　　　　　　　　　　**筛选可用通配符**

在"自定义自动筛选方式"对话框中输入筛选条件时，可以使用通配符代替字符或字符串，如可以用"？"代表任意单个字符，用"*"代表任意多个字符。

- **高级筛选：** 在工作表的空白区域输入筛选条件，单击【数据】/【排序和筛选】组中的"高级"按钮，打开"高级筛选"对话框，设置筛选结果显示方式、列表区域和条件区域，单击 确定 按钮。

多学一招　　　　　　　　高级筛选条件的输入

使用高级筛选时，作为筛选条件的列标题文本必须放在同一行中，且应与数据表格中的列标题文本完全相同。在列标题下方输入条件文本时，如果有多个条件且各条件为"与"关系时，需要将条件文本并排放在同一行中；条件为"或"关系时，需要将条件放在不同行中。

三、任务实施

（一）按订购客户和订购日期排序数据

微课视频

按订购客户和订购日期排序数据

下面使用Excel的排序功能，让表格中的数据按照一定的顺序排列，以便于数据查看和汇总，其具体操作如下。

（1）打开"产品销售订单明细表.xlsx"工作簿，单击【数据】/【排序和筛选】组中的"排序"按钮，如图5-60所示。

（2）打开"排序"对话框，在"主要关键字"下拉列表框中选择"订购客户"选项，在"次序"下拉列表框中选择"自定义序列"选项，如图5-61所示。

图5-60　单击"排序"按钮　　　　　　　　图5-61　设置排序条件

（3）打开"自定义序列"对话框，在"输入序列"列表框中输入"千固""永业食品""德化食品""五洲信托"文本，单击 添加(A) 按钮，将序列添加到"自定义序列"列表框中，选择添加的序列，单击 确定 按钮，如图5-62所示。

图5-62　自定义序列

（4）返回"排序"对话框，单击 添加条件(A) 按钮添加次要条件，在"次要关键字"下拉列表框中选择"订购日期"选项，在"次序"下拉列表框中选择"升序"选项，单击 确定 按钮，如图5-63所示。

图5-63　添加次要条件

（5）返回工作表后，将首先根据订购客户排序，如果订购客户相同，则按照订购日期的先后顺序进行排列，如图5-64所示。

图5-64　查看排序效果

（二）按条件筛选数据

下面使用Excel筛选中的高级筛选方式将工作表中满足条件的数据筛选到新工作表中，并按订购时间先后顺序进行排列，其具体操作如下。

（1）新建"1月订购记录"工作表，在A1单元格中输入"订购日期"文本，在A2单元格中输入公式"<=2021/1/31"，选择任意空白单元格，单击【数据】/【排序和筛选】组中的"高级"按钮，如图5-65所示。

（2）打开"高级筛选"对话框，选中"将筛选结果复制到其他位置"单选按钮，将文本插入点定位到"列表区域"参数框中，单击其后的按钮，如图5-66所示。

微课视频

按条件筛选数据

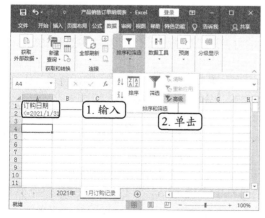

图5-65　输入筛选条件

图5-66　高级筛选设置

（3）缩小对话框，单击"2021年"工作表标签，切换到"2021年"工作表，拖曳鼠标选择A1:L104单元格区域，单击■按钮，如图5-67所示。

（4）展开对话框，在"条件区域"参数框中输入"$A$1:$A$2"，在"复制到"参数框中输入"$A$4"，如图5-68所示。

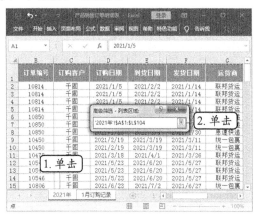

图5-67　选择单元格区域

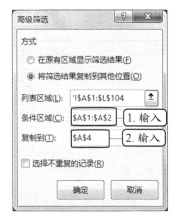

图5-68　筛选设置

（5）单击 确定 按钮，筛选出2021年1月的订单数据记录，选择D5单元格，单击"排序和筛选"组中的"升序"按钮↓↑，如图5-69所示。

（6）订购日期将从低到高排列，如图5-70所示。

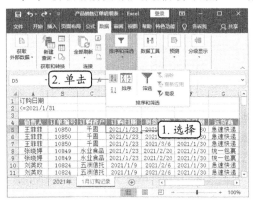

图5-69　自动排序

图5-70　查看排序结果

微课视频

分类汇总数据

（三）分类汇总数据

下面使用Excel的分类汇总功能汇总订购客户、数量和总价，其具体操作如下。

（1）在"2021年"工作表中选择数据区域中的任意单元格，单击【数据】/【分级显示】组中的"分类汇总"按钮■，如图5-71所示。

（2）打开"分类汇总"对话框，在"分类字段"下拉列表框中选择"订购客户"选项，在"汇总方式"下拉列表框中选择"求和"选项，在"选定汇总项"列表框中选中"数量"和"总价"复选框，单击 确定 按钮，如图5-72所示。

（3）返回工作表，可以查看分类汇总结果，单击工作表左上角的分级按钮②，如图5-73所示。

（4）工作表中将只显示2级数据，按住【Ctrl】键选择A21:L21、A59:L59、A74:L74和A108:L108单元格区域，加粗字体，将字体颜色设置为"白色"，单元格填充色设置为"水绿色，个性色5"，如图5-74所示，完成本任务的制作。

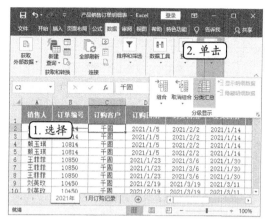

图5-71　单击"分类汇总"按钮

图5-72　设置分类汇总

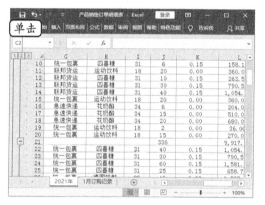

图5-73　单击分级按钮

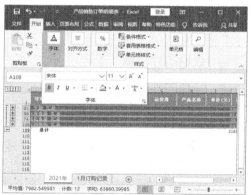

图5-74　设置2级数据格式

多学一招　　　　　　　　　**多重分类汇总**

　　如果要汇总多个分类字段，就需要用到多重分类汇总。其方法与分类汇总的方法相同，只不过在执行第二重分类汇总时，必须在"分类汇总"对话框中取消选中"替换当前分类汇总"复选框，表示当前分类汇总不会替换掉前一重分类汇总。如果选中该复选框，则表示当前分类汇总会替换掉前一重分类汇总，只会保留最后一重分类汇总结果。

实训一　计算"销售额统计表"表格

【实训要求】

　　本实训将对"销售额统计表"表格中员工上半年的总销售额、销售排名、门店人数、门店每月的销售额、门店上半年的总销售额等进行统计。在计算这些数据时，既要保证数据的准确性，又要保证统计的数据是真正需要的、有价值的。

【实训思路】

　　本实训主要使用SUM函数、RANK函数、COUNTIF函数和SUMIF函数等对数据进行计算。完成后的效果如图5-75所示。

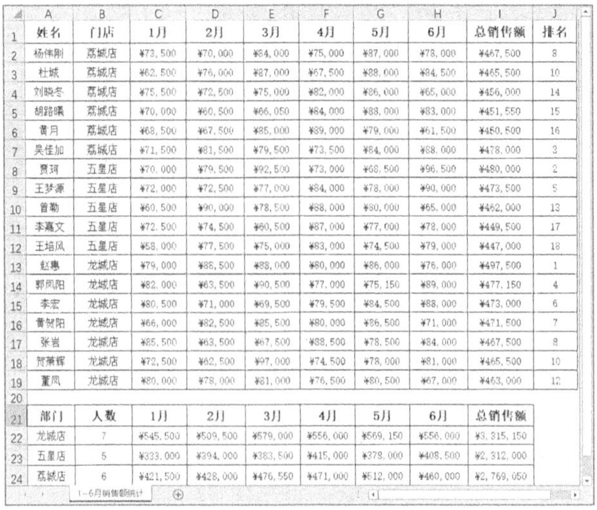

姓名	门店	1月	2月	3月	4月	5月	6月	总销售额	排名
杨伟刚	荔城店	¥73,500	¥70,000	¥84,000	¥75,000	¥87,000	¥78,000	¥467,500	8
杜城	荔城店	¥62,500	¥76,000	¥87,000	¥67,500	¥88,000	¥84,500	¥465,500	10
刘晓冬	荔城店	¥75,500	¥72,500	¥75,000	¥82,000	¥86,000	¥65,000	¥456,000	14
胡路曦	荔城店	¥70,000	¥60,500	¥66,050	¥84,000	¥88,000	¥83,000	¥451,550	15
黄月	荔城店	¥68,500	¥67,500	¥85,000	¥89,000	¥79,000	¥61,500	¥450,500	16
吴佳加	荔城店	¥71,500	¥81,500	¥79,500	¥73,500	¥84,000	¥88,000	¥478,000	3
贾珂	五星店	¥70,000	¥79,500	¥92,500	¥73,000	¥68,500	¥96,500	¥480,000	2
王梦源	五星店	¥72,000	¥72,500	¥77,000	¥84,000	¥78,000	¥90,000	¥473,500	5
曾勒	五星店	¥60,500	¥90,000	¥78,500	¥88,000	¥80,000	¥65,000	¥462,000	13
李嘉文	五星店	¥72,500	¥74,500	¥60,500	¥87,000	¥77,000	¥78,000	¥449,500	17
王培风	五星店	¥58,000	¥77,500	¥75,000	¥83,000	¥74,500	¥79,000	¥447,000	18
赵惠	龙城店	¥79,000	¥88,500	¥88,000	¥80,000	¥86,000	¥76,000	¥497,500	1
郭凤阳	龙城店	¥82,000	¥63,500	¥90,500	¥77,000	¥75,150	¥89,000	¥477,150	4
李宏	龙城店	¥80,500	¥71,000	¥69,500	¥79,500	¥84,500	¥88,000	¥473,000	6
黄贺阳	龙城店	¥66,000	¥82,500	¥85,500	¥80,000	¥86,500	¥71,000	¥471,500	7
张岩	龙城店	¥85,500	¥63,500	¥67,500	¥88,500	¥78,500	¥84,000	¥467,500	8
贺蕙辉	龙城店	¥72,500	¥62,500	¥97,000	¥74,500	¥78,000	¥81,000	¥465,500	10
董凤	龙城店	¥80,000	¥78,000	¥81,000	¥76,500	¥80,500	¥67,000	¥463,000	12

部门	人数	1月	2月	3月	4月	5月	6月	总销售额
龙城店	7	¥545,500	¥509,500	¥579,000	¥556,000	¥569,150	¥556,000	¥3,315,150
五星店	5	¥333,000	¥394,000	¥383,500	¥415,000	¥378,000	¥408,500	¥2,312,000
荔城店	6	¥421,500	¥428,000	¥476,550	¥471,000	¥512,000	¥460,000	¥2,769,050

1~6月销售额统计

图5-75 “销售额统计表”表格

素材所在位置 素材文件\项目五\销售额统计表.xlsx

效果所在位置 效果文件\项目五\销售额统计表.xlsx

【步骤提示】

（1）使用SUM函数计算出员工上半年的总销售额和各门店上半年的总销售额。

（2）使用RANK函数计算出员工上半年的总销售额排名。

（3）使用COUNTIF函数计算出各门店的员工人数。

（4）使用SUMIF函数计算出各门店各月份的总销售额。

实训二 计算和管理“员工绩效考核表”表格

【实训要求】

本实训要求计算“员工绩效考核表”表格中的各项考核依据与考核结果。不同的企业、不同的部门之间，因工作内容和工作性质不同，其考核方式和考核标准也会有所不同。

【实训思路】

本实训应首先使用公式和函数对表格数据进行计算，然后根据排名进行由高到低的排列，最后根据输入的筛选条件对表格数据进行筛选。完成后的效果如图5-76所示。

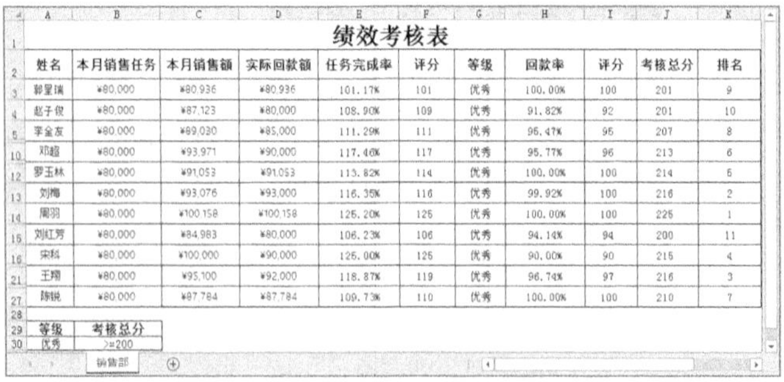

绩效考核表

姓名	本月销售任务	本月销售额	实际回款额	任务完成率	评分	等级	回款率	评分	考核总分	排名
郭呈瑞	¥80,000	¥80,936	¥80,936	101.17%	101	优秀	100.00%	100	201	9
赵子俊	¥80,000	¥87,123	¥80,000	108.90%	109	优秀	91.82%	92	201	10
李全友	¥80,000	¥89,030	¥85,000	111.29%	111	优秀	95.47%	95	207	8
邓超	¥80,000	¥93,971	¥90,000	117.46%	117	优秀	95.77%	96	213	6
罗玉林	¥80,000	¥91,053	¥91,053	113.82%	114	优秀	100.00%	100	214	5
刘梅	¥80,000	¥93,076	¥93,000	116.35%	116	优秀	99.92%	100	216	2
周羽	¥80,000	¥100,158	¥100,158	125.20%	125	优秀	100.00%	100	225	1
刘红芳	¥80,000	¥84,983	¥80,000	106.23%	106	优秀	94.14%	94	200	11
宋科	¥80,000	¥100,000	¥90,000	125.00%	125	优秀	90.00%	90	215	4
王翔	¥80,000	¥95,100	¥92,000	118.87%	119	优秀	96.74%	97	216	3
陈锐	¥80,000	¥87,784	¥87,784	109.73%	110	优秀	100.00%	100	210	7

等级	考核总分
优秀	>=200

销售部

图5-76 “员工绩效考核表”表格

素材所在位置	素材文件\项目五\员工绩效考核表.xlsx
效果所在位置	效果文件\项目五\员工绩效考核表.xlsx

【步骤提示】

（1）打开"员工绩效考核表.xlsx"工作簿，使用公式计算"任务完成率""评分""回款率""考核总分"等数据。

（2）使用IF函数评定等级，使用RANK函数计算考核总分排名。

（3）输入筛选条件，使用高级筛选将符合条件的数据在原位置筛选出来。

课后练习

（1）本练习将制作随着年份和月份自动变化的动态"考勤表模板"表格，完成后的效果如图5-77所示。在制作表格时，需要先使用函数根据年份和月份返回对应的天数和星期，然后使用条件格式突出显示周六和周日的数据。

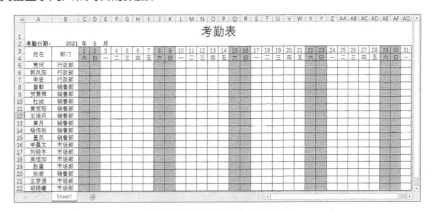

图5-77 "考勤表模板"表格

素材所在位置	素材文件\项目五\考勤表模板.xlsx
效果所在位置	效果文件\项目五\考勤表模板.xlsx

（2）本练习将计算和筛选"2021年产品生产质量表"表格中的数据，完成后的效果如图5-78所示。在计算和管理表格数据时，首先应使用公式计算各车间各月生产产品的合格率，然后筛选各车间合格率达到95%及以上的产品。

车间	一车间			二车间			三车间			四车间		
月份	合格品（把）	不合格品（把）	合格率	合格品（把）	不合格品（把）	合格率	合格品（把）	不合格品（把）	合格率	合格品（把）	不合格品（把）	合格率
1月	37127	1636	95.78%	43870	1915	95.82%	26481	1120	96.22%	19425	1935	90.94%
4月	45533	1722	96.36%	45297	1798	96.18%	49810	1647	96.80%	48044	1015	97.93%
6月	37222	1027	97.31%	43281	1592	96.45%	40746	1239	97.05%	17744	1810	90.74%
7月	38474	1016	97.43%	16825	1518	91.72%	49746	1262	97.53%	19782	1555	92.71%
8月	43277	1630	96.37%	16721	1042	94.13%	39906	1652	96.02%	36378	1912	95.01%
11月	36296	1062	97.16%	32167	1664	95.08%	44702	1898	95.93%	45223	1597	96.59%
12月	44477	1733	96.25%	32103	1653	95.10%	34937	1069	97.03%	45223	2034	95.70%

图5-78 "2021年产品生产质量表"表格

素材所在位置	素材文件\项目五\2021年产品生产质量表.xlsx
效果所在位置	效果文件\项目五\2021年产品生产质量表.xlsx

技能提升

1. 根据所选内容批量创建名称

在定义名称时，如果需要对工作表中的多行或多列单元格区域按标题行或标题列来定义名称，那么可通过Excel提供的根据所选内容创建功能批量创建名称。其方法是：选择表格中的多行或多列，单击"定义的名称"组中的"根据所选内容创建"按钮，打开"根据所选内容创建名称"对话框，选中对应的复选框，单击 确定 按钮，即可根据选择的区域批量创建名称，如图5-79所示。

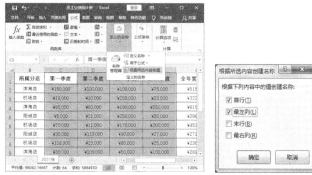

图5-79　批量创建名称

多学一招　　　　　　　　通过名称框创建名称

选择需要创建名称的区域，在名称框中输入名称名字，按【Enter】键确认，选择名称引用位置，在名称框中将显示该名称名字。

2. 查看公式求值过程

在检查公式时，如果公式较复杂，计算步骤较多，则可通过Excel 2016提供的公式求值功能，按公式计算顺序逐步查看公式的计算过程，以便快速查找出公式的错误。其方法是：选择含公式的单元格，单击【公式】/【公式审核】组中的"公式求值"按钮，打开"公式求值"对话框，在"求值"列表框中将显示公式，并在公式第一步要计算的下方添加下画线，单击 求值(E) 按钮，将显示出公式第一步的计算结果，并在公式第二步要计算的下方添加下画线，继续单击 求值(E) 按钮，将显示公式第二步的计算结果。如果显示出错误值，就说明上一步的计算结果是错误的，如图5-80所示。

图5-80　查看公式求值过程

3. 追踪引用单元格和追踪从属单元格

在检查公式时，有时需要查看公式中引用的单元格位置是否正确，以及追踪查看单元格的引用情况，此时，可使用Excel 2016提供的追踪引用单元格和追踪从属单元格功能进行追踪，其使用方法如下。

- **追踪引用单元格：**选择含公式的单元格，单击【公式】/【公式审核】组中的"追踪引用单元格"按钮，将以蓝色箭头符号标识出所选单元格中的公式引用了哪些单元格，如图5-81所示。
- **追踪从属单元格：**选择含公式的单元格，单击【公式】/【公式审核】组中的"追踪从属单元格"按钮，将以蓝色箭头符号标识出所选单元格被引用到了哪些单元格，如图5-82所示。

图5-81　追踪引用单元格　　　　　　　图5-82　追踪从属单元格

多学一招　　　　　　　　　　**删除追踪箭头**

单击【公式】/【公式审核】组中的"移去箭头"按钮，可删除工作表中追踪引用单元格或追踪从属单元格的蓝色箭头。另外，也可关闭工作簿，再次打开该工作簿后，工作表中的追踪箭头将不再显示。

4. 分级显示表格数据

Excel 2016提供了组合功能，该功能可根据表格数据的特点自动判断分级的位置，并将某个范围内的数据记录整合在一起，从而分级显示数据表。其方法是：选择数据区域中的任意单元格，单击【数据】/【分级显示】组中的"组合"图标下方的下拉按钮，在弹出的下拉列表中选择"自动建立分级显示"选项，将自动分级显示表格数据，如图5-83所示。

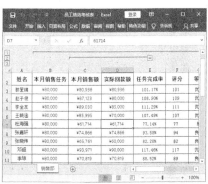

图5-83　分级显示表格数据

项目六

Excel 表格数据的分析

情景导入

　　米拉信心满满地制作了一份销售报表，但老洪却告诉她，这份报表对销售数据分析作用并不大，虽然使用了图表，但由于所选用的图表类型并不适合数据，且一个图表包含的数据系列较多，因此图表并没有直观展示出重要的数据。为了能快速地制作出令人满意的数据报表，米拉开始了Excel表格数据分析的学习。

学习目标

- 掌握制作"产品利润预测表"表格的方法。
  如单变量求解、模拟运算表和方案管理器等。
- 掌握使用图表分析"产品销量统计表"表格的方法。
  如插入图表、编辑图表数据源、更改图表布局、美化图表等。
- 掌握使用动态图表分析"各部门人员结构表"表格的方法。
  如控件的插入与设置、名称与图表数据源的关联等。
- 掌握使用数据透视表分析"公司费用管理表"表格的方法。
  如创建与编辑数据透视表、筛选数据透视表数据、创建数据透视图等。

素养目标

　　能够从数据中获取有价值的信息，提高分析与决策问题能力。

案例展示

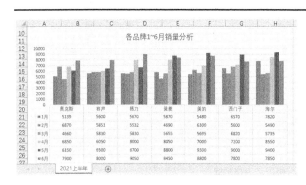

▲ "产品销量统计表"表格

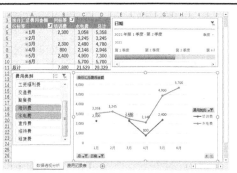

▲ "公司费用管理表"表格

任务一　制作"产品利润预测表"表格

产品利润预测是通过对产品成本、产品售价、产品销量3方面进行分析与研究，进而实现对目标利润的预测。对于销售行业来说，只有准确预测目标利润，才能更好地为企业各项决策服务。

一、任务目标

本任务将使用Excel提供的单变量求解、模拟运算表和方案管理器等模拟分析工具对表格中的数据进行预测分析。通过学习本任务，读者可掌握预测分析工作表数据的方法。本任务制作完成后的效果如图6-1所示。

图6-1　"产品利润预测表"表格

素材所在位置　素材文件\项目六\产品利润预测表.xlsx

效果所在位置　效果文件\项目六\产品利润预测表.xlsx

二、相关知识

在分析数据时，可以通过Excel提供的模拟分析工具，在一个或多个公式中使用不同的几组值来分析所有可能出现的结果，以帮助用户对数据做出更为精准的预测。在Excel 2016中，常用的模拟分析工具有方案管理器、单变量求解、模拟运算表。

- **方案管理器：**使用方案来预测工作表中多种数据模型的输出结果，并且可以对任意方案中的数值进行查看，多用于对多个假设条件进行分析。
- **单变量求解：**可以根据一定的公式运算结果，倒推出变量，相当于对公式进行逆运算以调整变量值。
- **模拟运算表：**可以显示某个计算公式中一个或多个变量替换成不同值时的结果，模拟运算表根据变量的多少分为单变量模拟运算表和双变量模拟运算表两种。单变量模拟运算表用于分析一个变量变化对应的公式变化结果；双变量模拟运算表用于分析不同变量在不同的取值时公式运算结果的变化情况及关系。

三、任务实施

（一）单变量求解产品售价

下面根据产品销量、成本和给定的目标利润预测产品售价，其具体操作如下。

（1）打开"产品利润预测表.xlsx"工作簿，单击【数据】/【预测】组中的"模拟分析"按钮，在弹出的下拉列表中选择"单变量求解"选项，

微课视频

单变量求解产品售价

121

如图6-2所示。

（2）打开"单变量求解"对话框，在"目标单元格"参数框中输入目标利润所在的单元格"$B$4"，在"目标值"文本框中输入给定的目标利润值"150000"，在"可变单元格"参数框中输入变量单元格"$B$1"，如图6-3所示。

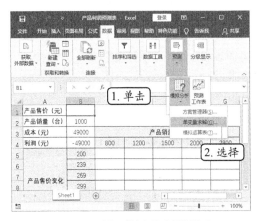

图6-2　选择"单变量求解"选项

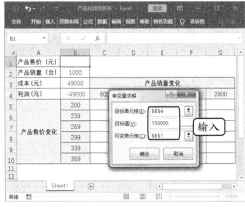

图6-3　单变量求解设置

（3）单击 确定 按钮后，将根据目标利润值预测产品售价，但预测的产品售价并不正确，如图6-4所示。

（4）将鼠标指针移动到B1单元格中，将自动更改预测的产品售价，如图6-5所示。

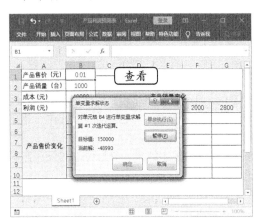

图6-4　查看单变量求解结果

图6-5　单变量求解正解

（二）使用模拟运算表预测产品售价和产品销量

下面根据产品售价和产品销量，使用模拟运算表来预测不同的产品售价和产品销量所得到的利润，其具体操作如下。

（1）选择B4:G10单元格区域，单击【数据】/【预测】组中的"模拟分析"按钮 ，在弹出的下拉列表中选择"模拟运算表"选项，如图6-6所示。

（2）打开"模拟运算表"对话框，在"输入引用行的单元格"参数框中输入产品销量变量单元格"$B$2"，在"输入引用列的单元格"参数框中输入产品售价变量单元格"$B$1"，单击 确定 按钮，如图6-7所示。

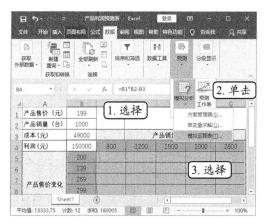

图6-6　选择"模拟运算表"选项

图6-7　设置变量单元格

（3）返回工作表编辑区，可查看随着产品售价和产品销量的变化而得到的利润，如图6-8所示。

图6-8　查看预测结果

知识提示　　　　　　　　　**模拟运算表注意事项**

　　在创建模拟运算表区域时，可将变化的数据放置在一行或一列中。若变化的数据在一列中，则应将计算公式创建于其右侧列的首行；若变化的数据创建于一行中，则应将计算公式创建于该行下方的首列中。另外，利润所在的单元格必须是公式，变量必须是公式中的其中一个单元格，否则将无法使用模拟运算表功能计算变量。

（三）使用方案管理器生成多种方案预测

　　下面根据产品售价、产品销量和成本3个变量生成多种利润预测方案，其具体操作如下。

　　（1）单击【数据】/【预测】组中的"模拟分析"按钮🤔，在弹出的下拉列表中选择"方案管理器"选项，打开"方案管理器"对话框。单击 添加(A)... 按钮，如图6-9所示。

　　（2）打开"编辑方案"对话框，在"方案名"文本框中输入"方案一"文本，在"可变单元格"参数框中输入"$B$1:$B$3"，单击 确定 按钮，如图6-10所示。

微课视频

使用方案管理器生成
多种方案预测

图6-9　单击"添加"按钮　　　　　　图6-10　编辑方案

（3）打开"方案变量值"对话框，在文本框中输入产品售价、产品销量和成本的变量值，单击 [确定] 按钮，如图6-11所示。

（4）返回"方案管理器"对话框，在"方案"列表框中显示了创建的方案，单击 [添加(A)...] 按钮，打开"编辑方案"对话框，在"方案名"文本框中输入"方案二"文本，单击 [确定] 按钮。

（5）打开"方案变量值"对话框，在文本框中设置方案二的变量值，单击 [确定] 按钮，如图6-12所示。

图6-11　设置方案一变量值　　　　　图6-12　设置方案二变量值

知识提示

创建方案摘要

如果想在生成的方案摘要中将引用单元格地址显示为相应的字段，则需要在创建方案前先对可变的单元格和结果单元格定义名称，只有定义了名称后，在创建的方案摘要中才会显示相应的字段，否则将显示为引用的单元格地址。

（6）使用相同的方法创建方案三和方案四。添加完成后，在"方案"列表框中选择"方案二"选项，单击 [显示(S)] 按钮，如图6-13所示。

（7）在工作表编辑区中可查看方案二的显示结果。由于B4单元格中的利润值发生了变化，产品售价和产品销量预测的利润也将发生变化，如图6-14所示。

（8）在"方案管理器"对话框中单击 [摘要(U)...] 按钮，打开"方案摘要"对话框，在"结果单元格"参数框中输入需要显示结果的单元格"=$B$4"，如图6-15所示。

（9）单击 [确定] 按钮，将自动新建一个名为"方案摘要"的工作表，在该工作表中显示了创建方案的具体情况，如图6-16所示，完成本任务的制作。

图6-13　选择方案

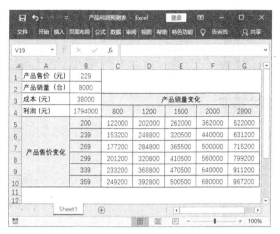

图6-14　查看方案显示效果

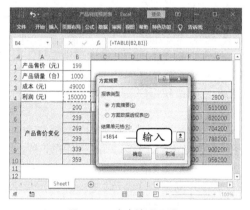

图6-15　方案摘要设置

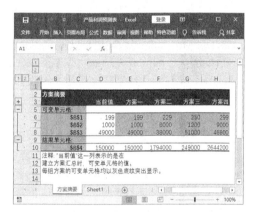

图6-16　查看创建的方案

任务二　图表分析"产品销量统计表"表格

产品销量统计表可对产品在某个时间段内的销售数量进行统计，便于对各产品的销售情况进行分析。通过分析可以找出销售问题所在，以便快速做出调整和制定解决方案。

一、任务目标

本任务将使用图表对各品牌2021年上半年各月份的销量情况进行分析，主要涉及图表的相关知识。本任务制作完成后的效果如图6-17所示。

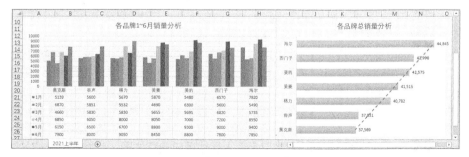

图6-17　"产品销量统计表"表格

素材所在位置	素材文件\项目六\产品销量统计表.xlsx
效果所在位置	效果文件\项目六\产品销量统计表.xlsx

二、相关知识

在使用图表分析数据时，为了使制作的图表能更直观地展示数据，还需要了解Excel提供的各种图表类型以及图表的组成部分。

（一）认识图表类型

Excel 2016提供了15种图表类型，每种图表类型还包含多种子图表类型。了解各种图表类型的作用，可以快速选择合适的图表来直观展示数据，各种图表类型介绍如下。

- **柱形图：** 是常用的数据分析图表，主要用于显示一段时间内数据的变化情况，或者显示各类别之间数据的比较情况。另外，还可以同时显示不同时期、不同类别数据的变化和差异。柱形图包括簇状柱形图、堆积柱形图、百分比堆积柱形图、三维簇状柱形图、三维堆积柱形图、三维百分比堆积柱形图和三维柱形图7种。

- **折线图：** 按时间或类别显示数据的变化趋势，便于判断在不同时间段内数据是呈上升趋势还是下降趋势，数据变化是呈平稳趋势还是波动趋势。折线图包括折线图、堆积折线图、百分比堆积折线图、带数据标记的折线图、带标记的堆积折线图、带数据标记的百分比堆积折线图和三维折线图7种。

- **饼图：** 用于显示一个数据系列中各项的大小与各项总和的比例，饼图中的数据点为各项占整个饼图的百分比。饼图包括饼图、复合饼图、复合条饼图、圆环图和三维饼图5种。

- **条形图：** 用于显示各项目之间数据的差异，具有与柱形图相同的表现目的。不同的是，柱形图在水平方向上依次展示数据，而条形图在垂直方向上依次展示数据。条形图包括簇状条形图、堆积条形图、百分比堆积条形图、三维簇状柱条形图、三维堆积条形图和三维百分比堆积条形图6种。

- **面积图：** 除了用于强调数量随时间而变化，还可以通过显示数据的面积来分析部分和整体的关系。面积图包括面积图、堆积面积图、百分比堆积面积图、三维面积图、三维堆积面积图和三维百分比堆积面积图6种。

- **X Y散点图：** 主要用于显示单个或多个数据系列中各数值之间的相互关系，或者将两组数字绘制为x、y坐标的一个系列，通过观察坐标点的分布，即可判断变量间是否存在关联关系，以及关联关系的强度。X Y散点图包括散点图、带平滑线和数据标记的散点图、带平滑线的散点图、带直线和数据标记的散点图、带直线的散点图、气泡图和三维气泡图7种。

- **股价图：** 用于描绘股票价格走势，也可用于反映科学数据，它必须按正确的顺序组织数据才能创建。若要创建一个简单的盘高-盘低-收盘股价图，应根据盘高、盘低和收盘次序输入列标题来排列数据。股价图包括盘高-盘低-收盘图、开盘-盘高-盘低-收盘图、成交量-盘高-盘低-收盘图和成交量-开盘-盘高-盘低-收盘图4种。

- **曲面图：** 显示的是连接一组数据点的三维曲面，当需要寻找两组数据之间的最优组合时，可以使用曲面图进行分析。曲面图包括三维曲面图、三维曲面图（框架图）、曲面图、曲面图（俯视框架图）4种。

- **雷达图：** 用于显示独立数据系列之间以及某个特定系列与其他系列的整体关系。每个分类都拥有自己的数值坐标轴，这些坐标轴由中心点向外辐射，并由折线将同一系列中的值连接起来，多适用于多维数据（四维以上）。雷达图包含雷达图、带数据标记的雷达图和填充雷达图3种。

- **树状图：** 将不同范围内的数据用不同的颜色进行区分。其方法为：选择需要突出显示的单元格区域，单击【开始】/【样式】组中的"条件格式"按钮 ，在弹出的下拉列表中选择"色阶"选项，在弹出的子列表中选择需要的色阶选项即可。
- **旭日图：** 用于展示数据之间的层级和占比关系，环形从内向外，层级逐渐细分。
- **直方图：** 用于描绘测量值与平均值变化程度的一种图表类型，借助分布的形状和分布的宽度（偏差），可以帮助用户确定问题的原因。
- **箱型图：** 又称为盒须图或箱线图，是用于显示一组数据分散情况的统计图。
- **瀑布图：** 瀑布图采用绝对值与相对值相结合的方式，适用于表达多个特定数值之间的数量变化关系。
- **组合图：** 由两种或两种以上的图表类型组合而成，可以同时展示多组数据，不同类型的图表可以拥有一个共同的横坐标轴和不同的纵坐标轴，以更好地区分不同的数据类型。日常工作中，使用较多的组合方式是"簇状柱形图+折线图"，用于展现同一变量的绝对值和相对值。

（二）了解图表的组成

在Excel中，图表一般由图表区、绘图区、图表标题、坐标轴、数据系列、数据标签、网格线和图例等部分组成，如图6-18所示。

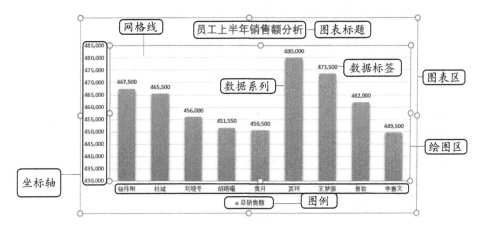

图6-18　图表的组成

- **图表区：** 是指图表的整个区域，图表的各组成部分均存放于图表区中。
- **绘图区：** 通过横坐标轴和纵坐标轴界定的矩形区域，用于显示数据系列、数据标签和网格线。
- **图表标题：** 是用于简要概述该图表作用或目的的文本，可以位于图表上方，也可以覆盖于绘图区中。
- **坐标轴：** 包含水平轴（又称x轴或横坐标）和垂直轴（又称y轴或纵坐标）两种，水平轴通常用于显示类别标签，垂直轴通常用于显示刻度大小。
- **数据系列：** 是根据用户指定的图表类型以系列的方式显示在图表中的可视化数据。在图表中可以有一组或多组数据系列，多组数据系列之间通常采用不同的图案、颜色或符号来区分。
- **数据标签：** 用于标识数据系列所代表的数值，可位于数据系列外，也可以位于数据系列内部。
- **网格线：** 是贯穿绘图区的线条，作为估算数据系列所示值的标准。
- **图例：** 用于指出图表中不同的数据系列采用的标识方式。

三、任务实施

（一）插入图表

下面根据工作表中的数据插入合适的图表，并对图表的大小、位置进行调整，其具体操作如下。

（1）打开"产品销量统计表.xlsx"工作簿，选择A2:G9单元格区域，单击【插入】/【图表】组中的"推荐的图表"按钮，如图6-19所示。

（2）打开"插入图表"对话框，在"推荐的图表"选项卡中选择"簇状柱形图"选项，单击 确定 按钮，如图6-20所示。

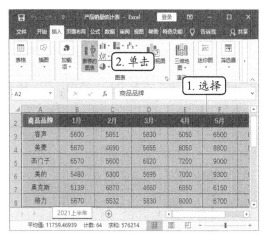

图6-19　单击"推荐的图表"按钮

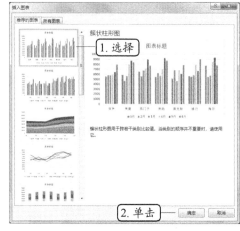

图6-20　选择合适的图表

（3）工作表中将插入选择的图表，选择图表标题，输入标题名称"各品牌1~6月销量分析"，如图6-21所示。

（4）将图表移动到数据区域下方，并调整到合适的大小。选择H2:H9单元格区域，单击【插入】/【图表】组中的"插入柱形图或条形图"按钮，在弹出的下拉列表中选择"二维条形图"中的"簇状条形图"选项，如图6-22所示。

（5）工作表中将插入选择的条形图，将条形图调整到合适的大小和位置。

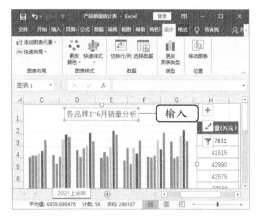

图6-21　输入标题名称

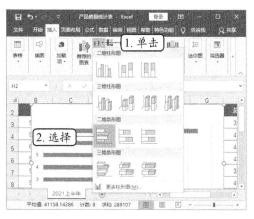

图6-22　选择条形图

（二）编辑图表数据源

如果图表中引用的数据源不正确，那么可以根据需要对图表中的数据源进行更改，使图表展现的数据更加准确，其具体操作如下。

微课视频
编辑图表数据源

（1）选择条形图，单击【图表工具 设计】/【数据】组中的"选择数据"按钮，如图6-23所示。

（2）打开"选择数据源"对话框，单击"水平(分类)轴标签"下方的 编辑 按钮，如图6-24所示。

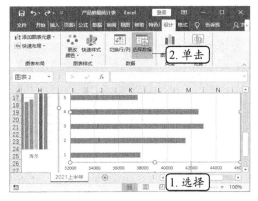

图6-23 单击"选择数据"按钮

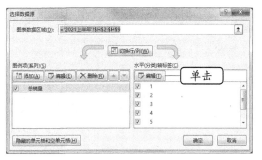

图6-24 编辑水平(分类)轴

多学一招　　　　　　　　　　　　**切换图表横/纵坐标位置**

选择图表，单击【图表工具 设计】/【数据】组中的"切换行/列"按钮，或者单击"选择数据源"对话框中的 切换行/列(W) 按钮，即可调换图表中横坐标轴和纵坐标轴的位置。

（3）打开"轴标签"对话框，将文本插入点定位到"轴标签区域"参数框中，在工作表中拖曳鼠标选择"A3:A9"单元格区域，如图6-25所示。

（4）单击 确定 按钮，返回"选择数据源"对话框，单击 确定 按钮，返回工作表，可发现条形图中的"垂直轴"分类文字发生了变化。

（5）将图表标题更改为"各品牌总销量分析"，选择"总销量（万元）"列数据所在的任意单元格，按照升序进行排列，条形图中的数据也将按照升序进行排列，如图6-26所示。

图6-25 更改轴标签区域

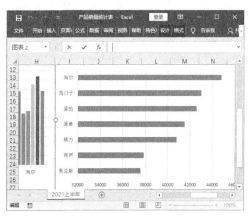

图6-26 排序条形图

（三）更改图表布局

微课视频

更改图表布局

默认插入的图表，其布局一般都不能满足需要，此时，可以通过Excel提供的添加图表元素或快速布局功能来更改图表整体布局，其具体操作如下。

（1）选择柱形图，单击【图表工具 设计】/【图表布局】组中的"快速布局"按钮，在弹出的下拉列表中选择"布局5"选项，如图6-27所示。

（2）选择柱形图中的"坐标轴标题"文本框，按【Delete】键将其删除。

（3）选择条形图，单击右侧出现的"图表元素"按钮，在弹出的列表中选中"数据标签"复选框，显示图表数据系列对应的数据标签，如图6-28所示。

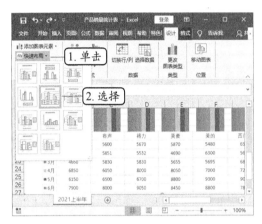

图6-27　应用图表布局样式

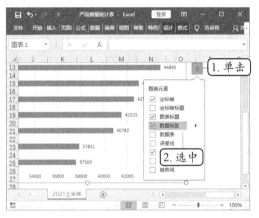

图6-28　添加数据标签

（4）保持图表的选择状态，单击"图表布局"组中的"添加图表元素"按钮，在弹出的下拉列表中选择"坐标轴"选项，在弹出的子列表中选择"主要横坐标轴"选项，取消图表中的横坐标轴，如图6-29所示。

（5）在"添加图表元素"下拉列表中选择"网格线"选项，在弹出的子列表中选择"主轴主要垂直网格线"选项，取消图表中的垂直网格线。

（6）在"添加图表元素"下拉列表中选择"趋势线"选项，在弹出的子列表中选择"线性"选项，添加趋势线，如图6-30所示。

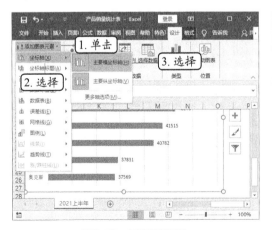

图6-29　取消横坐标轴

图6-30　添加线性趋势线

知识提示　　　　　　　　　　　　趋势线类型

　　Excel提供了线性、指数、对数、多项式、乘幂和移动平均6种趋势线，用户可根据需要选择合适的趋势线来查看数据动向。线性趋势线适用于简单线性数据集的最佳拟合直线；指数趋势线适用于速度增减越来越快的数据值；对数趋势线适用于数据的增加或减小速度很快，但又迅速趋近于平稳的拟合曲线；多项式趋势线适用于分析大量数据的偏差；乘幂趋势线适用于以特定速度增加的数据集的曲线；移动平均趋势线平滑处理了数据中的微小波动，从而可以更清晰地显示趋势变化。

（四）设置图表格式

　　在Excel中，为了使图表更美观，数据更清晰，可以根据需要对图表各部分的格式进行设置，其具体操作如下。

微课视频

设置图表格式

　　（1）选择柱形图图表区，单击鼠标右键，在弹出的快捷菜单中选择"设置图表区域格式"命令，如图6-31所示。

　　（2）打开"设置图表区格式"任务窗格，在"图表选项"选项卡中将"填充"选项下的"颜色"设置为"橙色"，将"透明度"设置为"85%"，如图6-32所示。

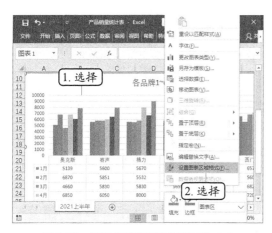

图6-31　选择"设置图表区域格式"命令

图6-32　设置图表区填充色

多学一招　　　　　　　　　　精准选择图表元素

　　在【图表工具 格式】/【当前所选内容】组中的"图表元素"下拉列表框中显示了所选图表中的所有元素，选择相应的选项，即可在图表中选择对应的元素。

　　（3）选择条形图中的数据标签，将切换到"设置数据标签格式"任务窗格，单击"标签选项"按钮 ，在"数字"选项下的"类别"下拉列表框中选择"数字"选项，在"小数位数"数值框中输入"0"，如图6-33所示。

　　（4）选择条形图中的线性趋势线，将切换到"设置趋势线格式"任务窗格，单击"填充与线条"按钮 ，在"颜色"下拉列表框中选择"红色"选项，在"短画线类型"（备注：图中为"短划线类型"）下拉列表框中选择"短画线"选项，如图6-34所示。

图6-33　设置数据标签格式

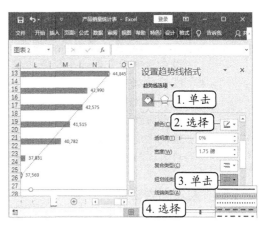

图6-34　设置趋势线格式

（5）将条形图图表区的填充色设置为"橙色"，"透明度"设置为85%，选择图表区中的数据系列，将切换到"设置数据系列格式"任务窗格，单击"系列选项"按钮 ，在"间隙宽度"数值框中输入"104%"，如图6-35所示。

（6）保持数据系列的选择状态，在【图表工具 格式】/【形状样式】组中选择"中等效果-金色，强调颜色4"选项，如图6-36所示，完成本任务的制作。

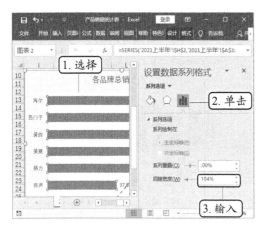

图6-35　设置数据系列格式

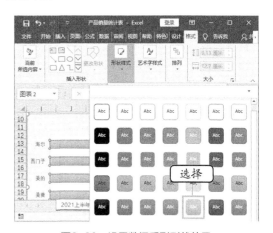

图6-36　设置数据系列形状效果

任务三　动态图表分析"各部门人员结构表"表格

对企业人力资源进行规划时，必须先对企业人力资源结构进行统计和分析，了解企业现有的人力分布情况，为人力资源规划提供数据支撑。人员结构分析主要包括性别分析、年龄分析、学历分析、工龄分析、职级分析等。另外，在分析人员结构时，既可以对企业整体的人员结构进行分析，也可以根据需要对各部门的人员结构进行分析。

一、任务目标

本任务将通过图表和控件等相关知识制作各部门人员结构动态图表，可根据选项变化生成不同数据源的图表，进而对各部门人员结构进行分析。本任务制作完成后的效果如图6-37所示。

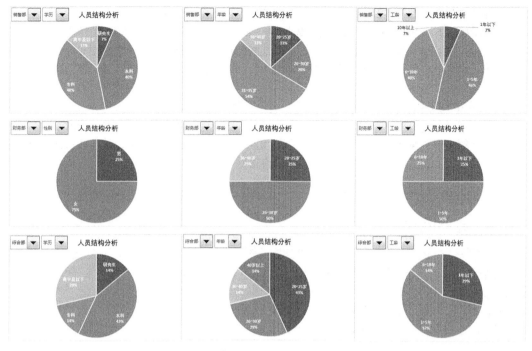

图6-37　"各部门人员结构表"动态图表

素材所在位置　素材文件\项目六\各部门人员结构表.xlsx

效果所在位置　效果文件\项目六\各部门人员结构表.xlsx

二、相关知识

相对于普通图表来说，动态图表的制作更加复杂，需要掌握一些制作要点和借助控件才能完成。下面对制作动态图表需要注意的3个要点和表单控件与ActiveX控件进行简单介绍。

（一）制作动态图表需要注意的3个要点

制作动态图表时，一个步骤出错，则可能导致动态图表制作不出来。要想使制作的动态图表准确率更高，需要注意以下3个要点。

- **控件对象格式的设置：**动态图表相当于一个筛选器，单击控件中的某个选项，图表中将展示出所筛选的数据内容，如果想要将控件与图表和数据源关联起来，就需要对控件对象格式进行设置。在设置时，关联的数据源区域和单元格链接一定不能出错，否则控件中将显示不正确的选项。
- **名称的引用位置：**一般动态图表中需要展示的数据会很多，当不能直接选择数据源时，就需要定义名称。由于名称的引用位置与图表的数据相关联，因此，在定义名称时，一定要保证名称的引用位置正确，一旦引用位置出错，图表中展示的数据也将不正确。
- **图表数据源：**动态图表引用数据源中的数据系列和水平轴标签都是通过名称定义而来的，因此，插入图表后，一定要注意对图表数据源的数据系列和水平（分类）轴标签进行编辑，并且要保证使用的名称与定义的名称完全一致。

（二）认识表单控件与ActiveX控件

在Excel中制作动态图表，或制作需要他人进行选择或填空的表格时，需要用到控件。Excel

2016为用户提供了表单控件和ActiveX控件两种控件，下面进行简单介绍。

- **表单控件：** 在早期版本中也称为窗体控件，所占内存空间较小，只能在工作表中添加和使用，可以与单元格关联，通过设置控件格式或指定宏来修改单元格中的值。Excel提供了按钮、组合框、复选框、数值调节钮、列表框、选项按钮、分组框、标签、滚动条、文本框等多种表单控件。

- **ActiveX控件：** ActiveX控件功能强大，不仅可以在工作表中使用，还可以在用户窗体中使用，相对于表单控件来说，其灵活性和可控性更强，但不能与单元格关联。Excel提供了按钮、组合框、复选框、列表框、文本框、选项按钮、标签、滚动条、数值调节钮、图像、切换按钮等表单控件，以及一些多媒体控件等。

三、任务实施

（一）插入和设置控件

微课视频

插入和设置控件

在本任务中，动态图表是通过表单控件来制作的，下面插入组合框表单控件，并对控件格式进行设置，其具体操作如下。

（1）打开"各部门人员结构分析.xlsx"工作簿，打开"人员结构分析"工作表，单击【开发工具】/【控件】组中的"插入"按钮，在弹出的下拉列表中选择"表单控件"栏中的"组合框（窗体控件）"选项，如图6-38所示。

（2）此时，鼠标指针变成十形状，在工作表空白区域拖曳鼠标绘制组合框，选择绘制的组合框，单击"控件"组中的"属性"按钮，如图6-39所示。

图6-38　选择表单控件　　　　　　　图6-39　绘制控件

（3）打开"设置控件格式"对话框，在"控制"选项卡中的"数据源区域"参数框中输入部门所在的数据区域"$A$4:$A$8"，在"单元格链接"参数框中输入需要关联的单元格"$A$10"，在"下拉显示项数"文本框中输入组合框显示的选项个数"5"，单击 确定 按钮，如图6-40所示。

（4）单击组合框右侧的下拉按钮，在弹出的下拉列表中将显示引用单元格区域中的数据，选择某个选项后，其对应的部门将会显示在组合框中。

（5）复制该组合框，并将其粘贴到所复制组合框的右侧，在A11:A14单元格区域中输入"性别""学历""年龄""工龄"等行字段内容。选择粘贴的组合框，单击鼠标右键，在弹出的快捷菜单中选择"设置控件格式"命令，如图6-41所示。

图6-40 设置控件格式

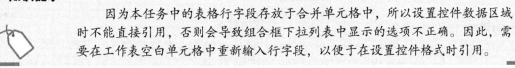

图6-41 选择"设置控件格式"命令

> **知识提示**　　　　　　　**输入辅助数据**
>
> 　　因为本任务中的表格行字段存放于合并单元格中，所以设置控件数据区域时不能直接引用，否则会导致组合框下拉列表中显示的选项不正确。因此，需要在工作表空白单元格中重新输入行字段，以便于在设置控件格式时引用。

（6）打开"设置控件格式"对话框，在"控制"选项卡中的"数据源区域"参数框中输入"$A$11:$A$14"，在"单元格链接"参数框中输入"$B$10"，在"下拉显示项数"文本框中输入"4"，单击 **确定** 按钮，如图6-42所示。

（7）单击组合框右侧的下拉按钮 ，在弹出的下拉列表中将显示引用单元格区域中的数据，选择"性别"选项后，其对应的"性别"字段将会显示在组合框中，如图6-43所示。

图6-42 设置控件格式

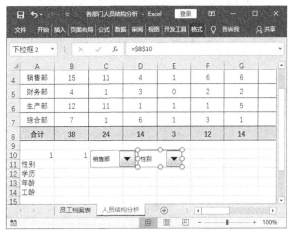

图6-43 查看组合框控件效果

（二）定义名称与图表数据源关联

　　将数据源、图表和组合框关联起来是制作动态图表的关键，但图表不能直接与数据区域关联，需要先将数据区域定义为名称，再将定义的名称设置为图表的数据系列和水平（分类）轴标签，其具体操作如下。

　　（1）单击【公式】/【定义的名称】组中的"定义名称"按钮 ，打开"新建名称"对话框，在"名称"文本框中输入"部门人员结构分析"

微课视频

定义名称与图表
数据源关联

文本，在"引用位置"参数框中输入公式"=CHOOSE($B$10,OFFSET($C$4:$D$4,$A$10-1,),OFFSET($E$4:$H$4,$A$10-1,),OFFSET($I$4:$M$4,$A$10-1,),OFFSET($N$4:$Q$4,$A$10-1,))"，单击 确定 按钮，如图6-44所示。

（2）再次打开"新建名称"对话框，在"名称"文本框中输入"分析数据"文本，在"引用位置"参数框中输入公式"=CHOOSE($B$10,$C$3:$D$3,$E$3:$H$3,$I$3:$M$3,$N$3:$Q$3)"，单击 确定 按钮，如图6-45所示。

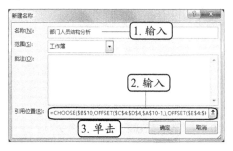

图6-44　新建名称　　　　　　　　图6-45　新建名称

知识提示　　　　　　　　　　**公式解析**

　　　　CHOOSE函数可以根据索引值从一组数据中返回相应位置的数值。公式"=CHOOSE($B$10,OFFSET($C$4:$D$4,$A$10-1,),OFFSET($E$4:$H$4,$A$10-1,),OFFSET($I$4:$M$4,$A$10-1,),OFFSET($N$4:$Q$4,$A$10-1,))"表示根据B10单元格中的值来确定返回的值。公式"=CHOOSE($B$10,$C$3:$D$3,$E$3:$H$3,$I$3:$M$3,$N$3:$Q$3)"表示根据B10单元格中的值来确定返回第几组单元格区域中的值。

（3）选择数据区域中的任意单元格，插入饼图，选择饼图，单击【图表工具 设计】/【数据】组中的"选择数据"按钮，如图6-46所示。

（4）打开"选择数据源"对话框，保持"图例项(系列)"列表框中的选择状态，单击 删除(R) 按钮，如图6-47所示。

图6-46　单击"选择数据"按钮　　　　　图6-47　删除图例项

（5）该数据系列将被删除，继续删除其他数据系列，只保留最后一个数据系列，选择保留的数据系列，单击 编辑(E) 按钮。

（6）打开"编辑数据系列"对话框，在"系列名称"参数框中输入"=部门"文本，在"系列值"参数框中将单元格引用区域更改为定义的名称"人员结构分析!部门人员结构分析"，如图6-48所示。

（7）单击 [确定] 按钮，返回"选择数据源"对话框，可查看设置的数据系列，在"水平(分类)轴标签"列表框中单击 [编辑(E)] 按钮，如图6-49所示。

图6-48　编辑数据系列

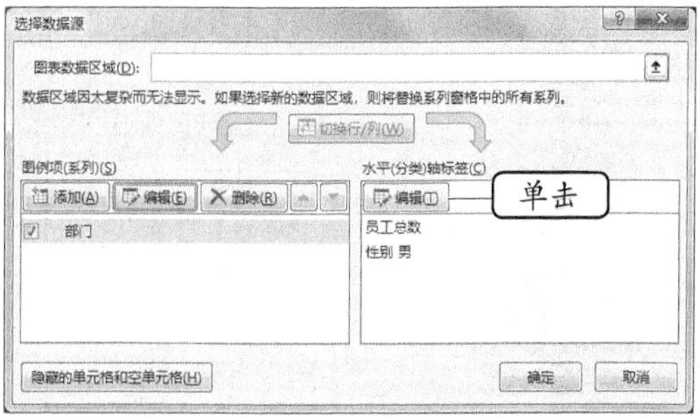

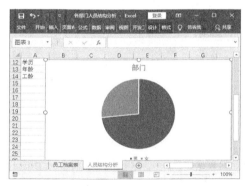

图6-49　查看图例项

（8）打开"轴标签"对话框，在"轴标签区域"参数框中输入"=人员结构分析!分析数据"文本，如图6-50所示。

（9）单击 [确定] 按钮，返回"选择数据源"对话框，单击 [确定] 按钮，返回工作表，可查看到图表已发生改变，如图6-51所示。

图6-50　设置轴标签

图6-51　查看图表效果

（三）编辑与美化图表

关联图表数据区域后，就可根据实际需要对图表进行编辑和美化，其具体操作如下。

（1）将图表标题更改为"人员结构分析"，删除图表图例，并为图表添加数据标签。

（2）双击图表中的数据标签，打开"设置数据标签格式"任务窗格，在"标签选项"选项下取消选中"值"复选框，选中"百分比"和"类别名称"复选框，如图6-52所示。

微课视频

编辑与美化图表

（3）将图表移动到组合框上方，选择图表，单击【图表工具 格式】/【排列】组中的"下移一层"按钮 下方的下拉按钮，在弹出的下拉列表中选择"置于底层"选项，如图6-53所示，将图表置于组合框下方。

（4）调整组合框大小，使组合框显示在图表标题左侧，加粗显示图表标题和数据标签文本，并将数据标签字体颜色设置为白色。

（5）按住【Ctrl】键选择两个组合框和图表后，单击鼠标右键，在弹出的快捷菜单中选择"组合"命令，在弹出的子菜单中选择"组合"命令，如图6-54所示。

（6）所选对象将组合为一个对象，如图6-55所示。

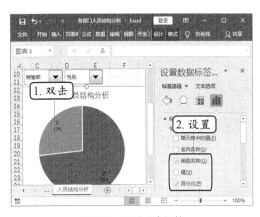

图6-52　设置图表标签

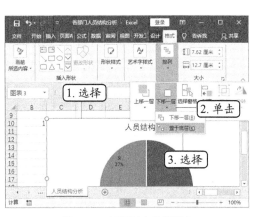

图6-53　设置图表叠放顺序

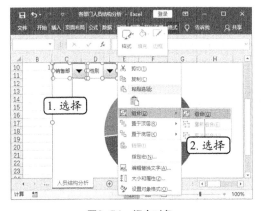

图6-54　组合对象

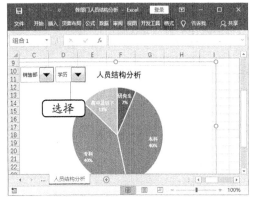

图6-55　查看组合效果

微课视频

动态查看图表展示的数据

（四）动态查看图表展示的数据

要在同一图表中展示不同部门性别、学历、年龄和工龄等人员结构的情况，可以通过更改组合框中的选项进行切换，其具体操作如下。

（1）单击"性别"组合框，在弹出的下拉列表中选择"学历"选项，图表中将显示销售部人员的学历分布情况，如图6-56所示。

（2）在第一个组合框中选择"合计"选项，在第二个组合框中选择"年龄"选项，图表中将显示企业各年龄占比情况，如图6-57所示。

图6-56　查看同部门的其他数据分析

图6-57　查看其他数据

（3）切换查看动态图表效果时，如果数据标签显示的是零，则可删除该数据标签；如果数据标签显示在饼图外，则可调整数据标签位置和颜色，使数据标签能完全显示，完成本任务的制作。

任务四　数据透视表分析"公司费用管理表"表格

公司在生产经营过程中会产生各种费用，合理、有效地对这些费用进行管理可以有效降低企业的生产成本。另外，在对公司费用进行管理时，可以从费用类别、时间段等方面进行分析，为费用预算提供有效的数据支撑。

一、任务目标

本任务将通过制作数据透视表和数据透视图对各月产生的各项费用进行分析。本任务制作完成后的效果如图6-58所示。

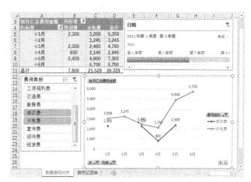

素材所在位置	素材文件\项目六\公司费用管理表.xlsx
效果所在位置	效果文件\项目六\公司费用管理表.xlsx

图6-58　"公司费用管理表"表格

二、相关知识

数据透视表可以从不同的层次、不同的角度来分析数据，但是，要想使数据透视表按照需求进行分析，就必须了解数据透视表的组成以及如何筛选数据透视表中的数据。下面对数据透视表的界面以及筛选器的使用等相关知识进行介绍。

（一）认识数据透视表界面

创建数据透视表后，即可进入数据透视表界面，如图6-59所示。数据透视表界面主要由数据源、数据透视表区域、字段列表框、"筛选"列表框、"列"列表框、"行"列表框、"值"列表框等部分组成。

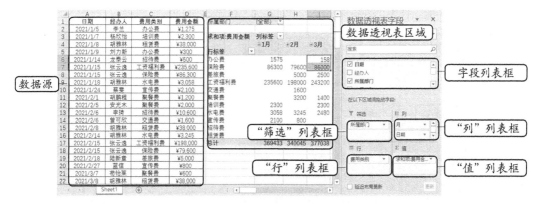

图6-59　数据透视表界面

- **数据源：**数据透视表是根据数据源提供的数据创建的，数据源既可以与数据透视表存放在同一工作表中，也可以与数据透视表存放在不同工作表或工作簿中。

- **数据透视表区域：** 用于显示创建的数据透视表，包含筛选字段区域、行字段区域、列字段区域和求值项区域等。
- **字段列表框：** 包含数据透视表中所需数据的字段，在该列表框中选中或取消选中字段标题对应的复选框，可以更改数据透视表中展示的字段。
- **"筛选"列表框：** 移动到该列表框中的字段即筛选字段，将在数据透视表的筛选字段区域中显示。
- **"列"列表框：** 移动到该列表框中的字段即列字段，将在数据透视表的列字段区域中显示。
- **"行"列表框：** 移动到该列表框中的字段即行字段，将在数据透视表的行字段区域中显示。
- **"值"列表框：** 移动到该列表框中的字段即值字段，将在数据透视表的求值项区域中显示。

（二）筛选器的使用

对于数据透视表中的数据，也可像普通表格中的数据一样根据需要进行筛选。在数据透视表中，除了可以通过行标签和列标签进行筛选外，还可以通过切片器和日程表这两大筛选器进行筛选。

- **切片器：** 切片器中包含一组易于使用的筛选组件，它能根据某个字段分段显示数据透视表中符合条件的数据。另外，切片器能提供当前筛选状态的详细信息，从而便于用户轻松、准确地了解筛选的数据透视表中所显示的内容，是数据透视表中常用的筛选器之一。
- **日程表：** 专门对日期数据进行筛选，特别是日程跨度较大的日期，如月、季度、年等，它能快速且轻松地选择所需的时间段。虽然切片器也能筛选日期，但它更适用于筛选日程跨度不大的日期数据。

三、任务实施

（一）创建与编辑数据透视表

使用数据透视表分析数据时，需要先根据数据源创建数据透视表，然后根据需要对创建的数据透视表进行编辑，其具体操作如下。

（1）打开"公司费用管理表.xlsx"工作簿，拖曳鼠标选择A2:F56单元格区域，单击【插入】/【表格】组中的"数据透视表"按钮，如图6-60所示。

（2）打开"创建数据透视表"对话框，保持默认设置，单击 确定 按钮，如图6-61所示。

（3）新建一个新工作表，并将该工作表重命名为"数据透视分析"。

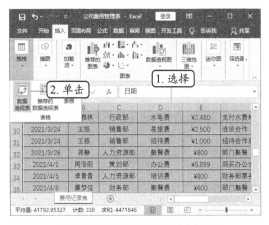

图6-60 单击"数据透视表"按钮

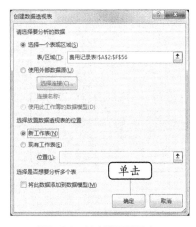

图6-61 创建数据透视表

知识提示   **在数据源工作表中创建数据透视表**

　　选择数据源，打开"创建数据透视表"对话框，选中"现有工作表"单选按钮，在"位置"参数框中输入存放数据透视表的单元格，单击 确定 按钮，将在数据源所在的工作表中创建数据透视表。

　　（4）在"数据透视表字段"任务窗格中的列表框中选择"日期"字段，按住鼠标左键不放将其拖曳到"列"列表框中，如图6-62所示。

　　（5）使用相同的方法分别将"费用类别"字段拖曳到"行"列表框中，将"费用金额"字段拖曳到"值"列表框中，完成数据透视表的创建，如图6-63所示。

图6-62　拖曳字段

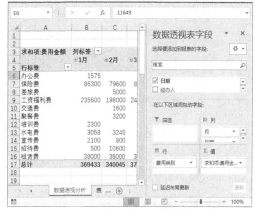

图6-63　查看创建的数据透视表

　　（6）选择数据透视表中的任意单元格，单击【数据透视表工具 分析】/【活动字段】组中的"字段设置"按钮 ，如图6-64所示。

　　（7）打开"值字段设置"对话框，在"自定义名称"文本框中输入"按月汇总费用金额"文本，单击 数字格式(N) 按钮，如图6-65所示。

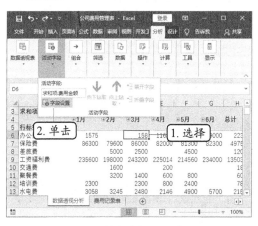

图6-64　单击"字段设置"按钮

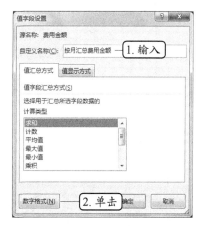

图6-65　设置值字段

多学一招   **更改值汇总方式和值显示方式**

　　选择数据透视表中的任意单元格，打开"值字段设置"对话框，在"值汇总方式"选项卡中的"计算类型"列表框中选择需要的计算方式；在"值显示方式"选项卡中的"值显示方式"下拉列表框中选择需要的值显示方式，单击 确定 按钮。

（8）打开"设置单元格格式"对话框，在"分类"列表框中选择"数值"选项，在"小数位数"数值框中输入"0"，选中"使用千位分隔符"复选框，如图6-66所示。

（9）单击 确定 按钮，返回"值字段设置"对话框，单击 确定 按钮，返回工作表，可查看更改值数字格式后的效果，如图6-67所示。

图6-66　设置数字格式

图6-67　查看值显示效果

（二）美化数据透视表

下面应用数据透视表样式和设置字体格式来美化数据透视表，其具体操作如下。

（1）选择数据透视表中的任意单元格，在【数据透视表工具 设计】/【数据透视表样式】组中的列表框中选择"浅绿，数据透视表中等深浅14"选项，将其应用于数据透视表，如图6-68所示。

（2）选择B4:H17单元格区域，将单元格对齐方式设置为"居中对齐"。在【数据透视表工具 设计】/【数据透视表样式选项】组中选中"镶边列"复选框，为数据透视表添加列边框，如图6-69所示。

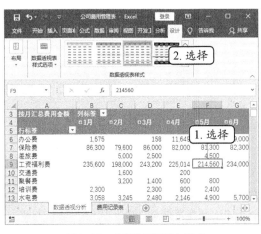

图6-68　应用数据透视表样式

图6-69　设置数据透视表样式选项

（三）按费用类别筛选数据透视表数据

下面使用切片器按费用类别字段对数据透视表中的数据进行筛选，其具体操作如下。

（1）选择数据透视表中的任意单元格，单击【数据透视表工具 分析】/【筛选】组中的"插入切片器"按钮，如图6-70所示。

（2）打开"插入切片器"对话框，选中"费用类别"复选框，单击 确定 按钮，如图6-71所示。

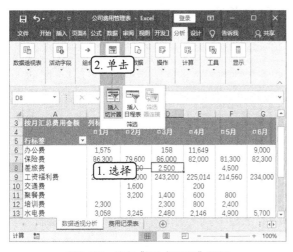

图6-70　单击"插入切片器"按钮

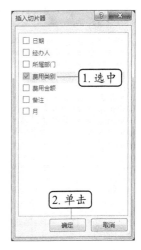

图6-71　选择切片器字段

（3）插入"费用类别"切片器，默认选择切片器中的所有费用类别，单击"工资福利费"选项，如图6-72所示。

（4）数据透视表中将只显示每月的"工资福利费"数据，如图6-73所示。

图6-72　查看切片器

图6-73　通过切片器筛选数据

多学一招　　　　**断开数据透视表与筛选器的连接**

为数据透视表插入切片器或日程表后，将自动激活【数据透视表工具 分析】/【筛选】组中的"筛选器连接"按钮，单击该按钮，打开"筛选器连接"对话框，取消选中某个复选框，再单击 确定 按钮，将断开数据透视表与筛选器的连接，也就是说，用户不能通过断开的切片器或日程表对数据透视表中的数据进行筛选。

（四）按季度筛选数据透视表数据

下面插入日程表按季度对数据透视表中的数据进行筛选，其具体操作如下。

（1）选择数据透视表中的任意单元格，单击【数据透视表工具 分析】/【筛选】组中的"插入日程表"按钮，如图6-74所示。

（2）打开"插入日程表"对话框，选中"日期"复选框，单击 确定 按钮，如图6-75所示。

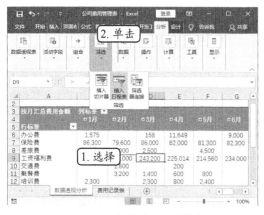

图6-74　单击"插入日程表"按钮

图6-75　插入日程表

（3）在工作表中插入"日期"日程表，单击"月"文本，在弹出的下拉列表中选择"季度"选项，如图6-76所示。

（4）日程表中的日期将以"季度"进行分段显示，选择"第1季度"进度条，数据透视表中将显示第1季度的相关数据，如图6-77所示。

图6-76　选择日期分段依据

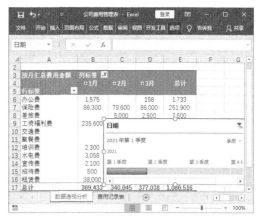

图6-77　查看筛选结果

（五）使用数据透视图分析数据

数据透视表中的数据还可通过数据透视图进行直观展示，其具体操作如下。

（1）选择数据透视表中的任意单元格，单击【数据透视表工具 分析】/【工具】组中的"数据透视图"按钮，如图6-78所示。

（2）打开"插入图表"对话框，在窗口左侧选择"折线图"选项，在窗口右侧选择"带数据标记的折线图"选项，单击 确定 按钮，如图6-79所示。

图6-78 单击"数据透视图"按钮　　　　　　图6-79 插入图表

（3）选择创建的数据透视图，单击【数据透视图工具 设计】/【数据】组中的"切换行/列"按钮，如图6-80所示。

（4）数据透视图中的图例项和水平(分类)轴将被切换，数据透视表中的行和列位置也将发生变化，将数据透视图移动到数据透视表下方，然后为数据透视图添加数据标签。

（5）使用切片器和日程表对数据透视表中的数据进行筛选时，数据透视图中展示的数据也会随着数据透视表中数据的变化而变化，如图6-81所示，完成本任务的制作。

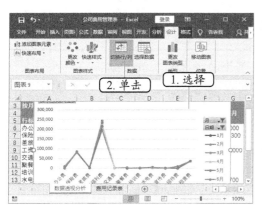

图6-80 切换数据透视图行/列

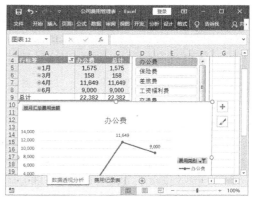

图6-81 筛选数据

多学一招　　　　　　**同时创建数据透视表和数据透视图**

选择需要创建数据透视图的数据源，单击【插入】/【图表】组中的"数据透视图"按钮，打开"创建数据透视图"对话框，单击 确定 按钮，将在新建的工作表中创建一个空白数据透视表和数据透视图，为数据透视表添加字段，即可同时创建数据透视表和数据透视图。

实训一　使用图表分析人员流动情况

【实训要求】

本实训将对"人员流动情况分析表"表格中人员的流动情况进行分析，在使用图表分析数据时，要注意选择能直观展示相应数据的图表，且每个图表中展示的数据系列不宜过多，这样更便于数据的查看。

【实训思路】

本实训主要通过折线图和柱形图来分析表格中的数据。另外，重复制作折线图时，可以通过复制、修改图表数据源来提高制作效率。制作完成后的效果如图6-82所示。

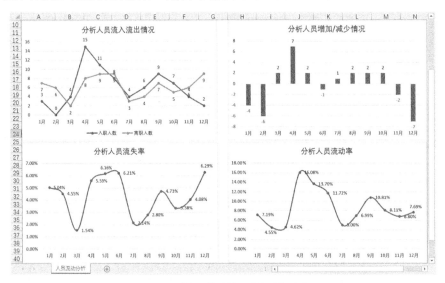

图6-82　"人员流动情况分析表"表格

素材所在位置　素材文件\项目六\人员流动情况分析表.xlsx

效果所在位置　效果文件\项目六\人员流动情况分析表.xlsx

【步骤提示】

（1）打开"人员流动情况分析表.xlsx"工作簿，选择A1和A4:M5单元格区域，插入带数据标记的折线图分析人员流入流出情况，并对图表布局和效果进行设置。

（2）选择A1和A8:M8单元格区域，插入柱形图分析人员增加/减少情况，并对柱形图布局、数据标签的数字格式、纵坐标轴选项和数字格式、横坐标轴标签位置等进行设置。

（3）复制粘贴折线图分析人员流失率，对图表数据源进行更改，并将数据系列线条设置为"平滑线"。

（4）复制粘贴平滑线折线图分析人员流动率，并对图表的标题、数据源进行相应的修改。

实训二　分析"员工加班统计表"表格

【实训要求】

本实训要求对"员工加班统计表"表格中的数据进行汇总和分析，便于查看各员工各种加班类别下的加班时长，并且能通过图表直观地展示出来。

【实训思路】

本实训首先插入数据透视表，然后插入切片器和数据透视图，再对数据透视表中的数据进行筛选和展示。完成后的效果如图6-83所示。

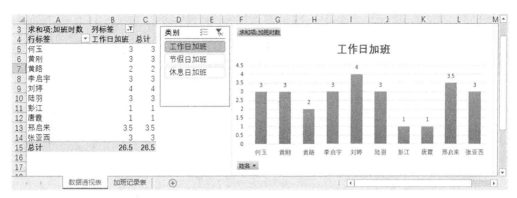

图6-83 "员工加班统计表"表格

素材所在位置　素材文件\项目六\员工加班统计表.xlsx

效果所在位置　效果文件\项目六\员工加班统计表.xlsx

【步骤提示】

（1）打开"员工加班统计表.xlsx"工作簿，根据"加班记录表"中的数据在新工作表中创建数据透视表。

（2）插入"类别"切片器，对数据透视表中的数据进行分析。

（3）根据数据透视表插入数据透视图，并对数据透视图进行编辑和美化。

（4）选择数据透视图中无用的字段按钮，将其删除，使数据透视图更简洁。

课后练习

（1）本练习将使用动态图表对人员招聘过程进行分析，完成后的效果如图6-84所示。在制作动态图表时，首先绘制和设置组合框表单控件，然后定义名称，最后插入折线图，并对图表进行相应的编辑和美化。

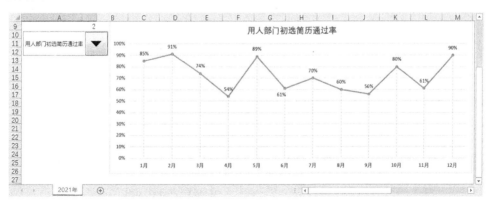

图6-84 "招聘过程分析表"表格

素材所在位置　素材文件\项目六\招聘过程分析表.xlsx

效果所在位置　效果文件\项目六\招聘过程分析表.xlsx

（2）本练习将使用不同的方案预测分析"年度销售计划表"表格中的数据，效果如图6-85所示。首先使用公式对表格中的利润、总销售额和总利润进行计算，然后使用3种不同的方案进行预测分析。

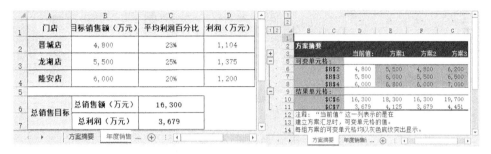

图6-85 "年度销售计划表"表格

素材所在位置 素材文件\项目六\年度销售计划表.xlsx
效果所在位置 效果文件\项目六\年度销售计划表.xlsx

技能提升

1. 使用预测工作表功能预测数据

在Excel 2016提供了预测工作表功能，通过该功能可以基于历史数据分析事物发展的未来趋势，并且以图表的形式展示出来。其方法是：选择数据区域中的任意单元格，单击【数据】/【预测】组中的"预测工作表"按钮，打开"创建预测工作表"对话框，其中呈现了历史数据和未来预测数据的图表。其中，蓝色折线是历史数据，橙色折线是未来预测数据。单击"选项"文本，可展开更多预测参数项，根据需要可对参数进行相应的设置，完成后单击 创建 按钮创建预测表，如图6-86所示。

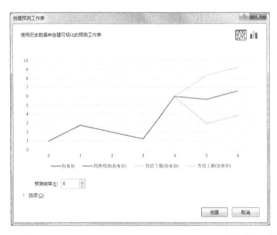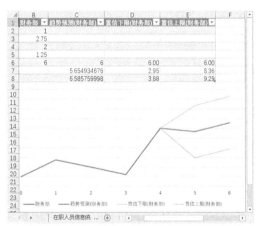

图6-86 创建预测表

2. 使用图片填充图表数据系列

使用图表对具象事物（如产品数据、人员结构等）进行分析时，可以使用具有代表意义且相关联的图片或图形来填充图表的数据系列，使图表更直观、形象。其方法是：在工作表中插入图片或图形，并对其进行复制，然后选择图表中的数据系列，按【Ctrl+V】组合键将图片或图形粘贴到数据系列中，默认是填满整个数据系列，但填充的图片或图形会变形，因此需要打开"设置数据系列格式"任务窗格，在"填充"选项下选中"层叠"单选按钮，使图片或图形根据数值的大小进行填充，如图6-87所示。

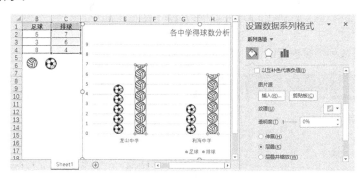

图6-87　图片填充数据系列

3．使用迷你图分析数据

迷你图是一种存放于单元格中的小型图表，通常用于对数据表内某一系列数值的变化趋势进行分析，相对于图表来说更简单。Excel提供了折线图、柱形图和盈亏图等3种迷你图，用户可以根据需要选择合适的迷你图对同一行或同一列数据进行分析。其方法是：选择需要存放迷你图的单个或多个连续的单元格，在【插入】/【迷你图】组中单击需要的迷你图按钮，打开"创建迷你图"对话框，设置数据范围和位置范围，单击 确定 按钮，即可根据所选数据创建迷你图，如图6-88所示。

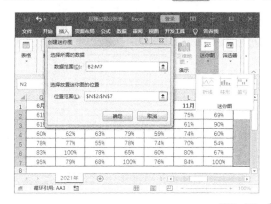 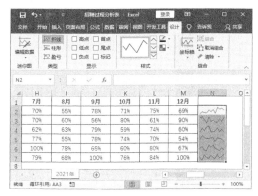

图6-88　创建迷你图

4．将制作好的图表保存为模板

使用图表分析数据时，如果觉得当前制作的图表整体效果比较好，而且以后也可能会经常制作相似的图表，那么可将制作好的图表保存为模板，便于下次创建图表时直接使用，提高图表制作和编辑效率。其方法是：选择制作好的图表，单击鼠标右键，在弹出的快捷菜单中选择"另存为模板"命令，打开"保存图表模板"对话框，对图表名称进行设置，单击 保存(S) 按钮后，保存的图表模板将在"插入图表"对话框的"模板"中显示。

5. 为数据透视表创建分组

如果创建的数据透视表行标签或列标签是数字，且数字较多易混乱，则可以使用Excel提供的组合功能让数字分段显示，使数字显示得更加简洁、有规律。其方法是：选择需要组合字段中的任意单元格，单击鼠标右键，在弹出的快捷菜单中选择"组合"命令，打开"组合"对话框，取消选中"起始于"和"终止于"复选框，在"步长"文本框中输入间隔数，单击 确定 按钮，即可按照设置的值对行标签或列标签进行组合，如图6-89所示。

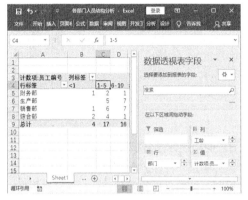

图6-89　创建分组

项目七
PowerPoint 演示文稿的制作与设计

情景导入

　　米拉做了一份工作总结报告演示文稿，老洪收到后非常无奈，但还是耐心地对米拉说："制作演示文稿并不是把所有需要的内容、数据等展示出来就可以，还需要讲究排版布局的美观性，要有设计感，这样制作的演示文稿才能让人印象深刻。"于是米拉开始学习PowerPoint演示文稿的制作与设计知识。

学习目标

- 掌握制作"个人简历"演示文稿的方法。
  如应用和更改演示文稿主题、新建和编辑幻灯片、设置占位符格式、使用节管理幻灯片等。
- 掌握制作"工作总结"演示文稿的方法。
  如通过幻灯片母版设计版式、设置页眉和页脚，添加图形、表格和图表对象等。
- 掌握绘声绘色展示"礼仪培训"演示文稿的方法。
  如插入超链接、插入音频、插入视频、剪辑视频等。

素养目标

　　提高文案组织与策划能力，具备图像化思维，能够更准确、清晰地向受众传达信息。

案例展示

▲ "个人简历"演示文稿

▲ "工作总结"演示文稿

任务一　制作"个人简历"演示文稿

个人简历是对求职者基本信息、教育经历、工作经历、技能等的简要总结，其目的是展示和推销自己。个人简历没有固定的格式，求职者可以根据自身的情况选择合适的软件制作，但制作的个人简历包含的内容一定要全面，版面要简洁、美观，这样更容易获得企业的青睐。

一、任务目标

本任务将制作"个人简历"演示文稿，主要用到演示文稿主题的应用、幻灯片的基本操作、占位符格式的设置以及使用节管理演示文稿等知识。通过本任务的学习，读者可制作出一些简单的演示文稿，本任务制作完成后的效果如图7-1所示。

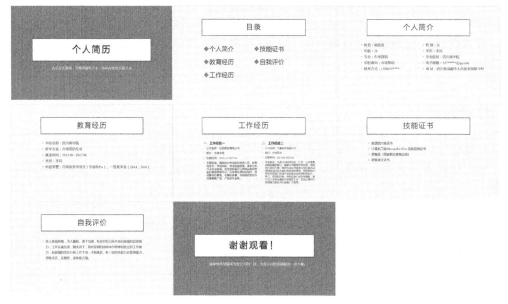

图7-1　"个人简历"演示文稿

素材所在位置　素材文件\项目七\个人简历.txt

效果所在位置　效果文件\项目七\个人简历.pptx

二、相关知识

使用PowerPoint 2016制作演示文稿时，首先需要了解PowerPoint 2016工作界面的组成部分以及幻灯片中包含的版式。下面对PowerPoint 2016工作界面和幻灯片版式的相关内容分别进行介绍。

（一）认识PowerPoint 2016工作界面

PowerPoint 2016工作界面除了快速访问工具栏、标题栏、按钮区、选项卡标签、选项卡、滚动条、状态栏和视图栏等组成部分外，还包括幻灯片窗格、幻灯片编辑区和备注窗格，如图7-2所示。

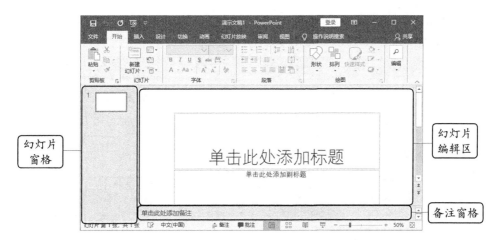

图7-2　PowerPoint 2016工作界面

各组成部分含义如下。

- **幻灯片窗格：**用于显示当前演示文稿中包含的幻灯片，并且可对幻灯片执行选择、新建、删除、复制、移动等基本操作。
- **幻灯片编辑区：**用于显示或编辑幻灯片中的文本、图片、图形等内容，是制作幻灯片的主要区域。
- **备注窗格：**用于为幻灯片添加解释说明等备注信息，便于演讲者在演示幻灯片时查看。将文本插入点定位到备注窗格中，可直接输入需要的备注内容。

（二）幻灯片版式

幻灯片版式是幻灯片的一种常规排版格式，它由带有虚线的框组成，这种框被称为占位符，用于保存标题、正文内容、图表、表格、图片、SmartArt 图形等内容。在PowerPoint 2016中，新建的演示文稿中包含一张标题幻灯片版式，当该版式不能满足需要时，可单击【开始】/【幻灯片】组中的"版式"按钮，在弹出的下拉列表中提供了十多种版式，如图7-3所示，选择需要的版式应用于当前选择的幻灯片。

另外，当内置的幻灯片版式不能满足需要时，还可以根据需要在幻灯片母版中自行创建，其创建方法将在本章任务二中进行讲解。

图7-3　幻灯片版式

三、任务实施

（一）应用和更改演示文稿主题

下面新建一个空白演示文稿，为演示文稿应用内置的主题样式，并根据需要对主题样式的变体、颜色和字体等进行更改，以便达到更改演示文稿主题的目的，其具体操作如下。

（1）启动PowerPoint 2016，新建一个空白演示文稿，将其保存为"个人简历"，在【设计】/【主题】组中的列表框中选择"包裹"选项应用于演示文稿，如图7-4所示。

微课视频

应用和更改演示文稿主题

（2）在【设计】/【变体】组中单击"其他"按钮，在弹出的下拉列表中选择"颜色"选项，在弹出的子列表中选择"蓝色"选项，如图7-5所示。

图7-4　选择主题样式　　　　　图7-5　更改主题颜色

多学一招　　　　　　　**为选定幻灯片应用主题**

选择演示文稿中需要应用主题的1张或多张幻灯片，将光标定位到需要的主题中，单击鼠标右键，在弹出的快捷菜单中选择"应用于选定幻灯片"命令，即可将当前主题应用于演示文稿选择的幻灯片中。

（3）在【设计】选项卡中单击"变体"下拉按钮，在弹出的下拉列表中选择"字体"选项，在弹出的子列表中选择"自定义字体"选项，如图7-6所示。

（4）打开"新建主题字体"对话框，在"西文"栏中的"标题字体"下拉列表框中选择"Arial"选项，在"正文字体"下拉列表框中选择"Times New Roman"选项；在"中文"栏中的"标题字体"下拉列表框中选择"方正兰亭黑简体"选项，在"正文字体"下拉列表框中选择"微软雅黑"选项；在"名称"文本框中输入"方正+微软"文本，单击 保存(S) 按钮保存主题，如图7-7所示。并应用于主题中。

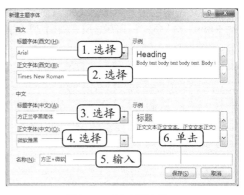

图7-6　选择"自定义字体"选项　　　　　图7-7　新建主题字体

（二）新建和编辑幻灯片

下面在幻灯片中输入文本内容，并新建和编辑幻灯片，其具体操作如下。

（1）在第1张幻灯片的标题占位符和副标题占位符中输入相应的文本，单击【开始】/【幻灯片】组中的"新建幻灯片"按钮下方的下拉按钮，在弹出的下拉列表中选择"标题和内容"选项，如图7-8所示。

（2）新建"标题和内容"版式的幻灯片，在幻灯片占位符中输入标题和正文内容，在幻灯片窗格中第2张幻灯片上单击鼠标右键，在弹出的快捷菜单中选择"复制幻灯片"命令，如图7-9所示。

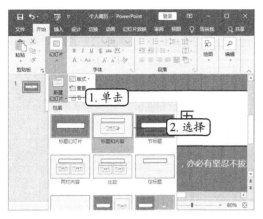

图7-8　选择新建幻灯片版式

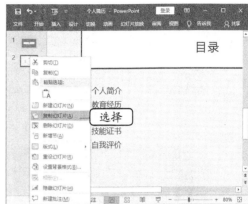

图7-9　选择"复制幻灯片"命令

（3）在第2张幻灯片后面复制一张相同的幻灯片，对幻灯片标题占位符和内容占位符中的文本内容进行修改，如图7-10所示。

（4）使用相同的方法制作第4～7张幻灯片。选择第1张幻灯片，在按住鼠标左键不放向下拖曳到第7张幻灯片后的同时按住【Ctrl】键不放，如图7-11所示。

图7-10　修改幻灯片内容

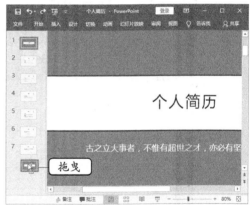

图7-11　拖曳复制幻灯片

（5）释放鼠标左健并松开【Ctrl】键，复制第1张幻灯片作为第8张幻灯片，对第8张幻灯片标题占位符和副标题占位符的文本内容进行更改。

（三）设置占位符格式

为了使幻灯片整体效果更加美观，还需要对幻灯片中占位符的格式进行设置，包括字体格式、段落格式、项目符号、编号、分栏等，使幻灯片排版更加整齐，其具体操作如下。

（1）选择第1张幻灯片标题占位符中的文本内容，在【开始】/【字体】组中将字号设置为"54"，单击"文字阴影"按钮 S，再单击"字符间距"按钮 AV，在弹出的下拉列表中选择"很松"选项，增大字符之间的间距，如图7-12所示。

微课视频

设置占位符格式

（2）选择第2张幻灯片内容占位符中的文本内容，将字号设置为"36"，再单击【开始】/【段落】组中的"添加或删除栏"按钮≣，在弹出的下拉列表中选择"两栏"选项，如图7-13所示。

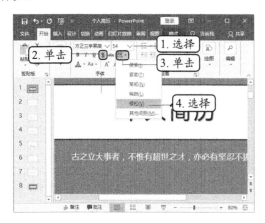

图7-12　设置字体格式　　　　　　　　　　　图7-13　设置分栏

（3）保持占位符中文本内容的选择状态，单击【开始】/【段落】组中的"行距"按钮≣·，在弹出的下拉列表中选择"1.5"选项，如图7-14所示。

（4）单击【开始】/【段落】组中的"项目符号"按钮≣右侧的下拉按钮▼，在弹出的下拉列表中选择"带填充效果的钻石形项目符号"选项，应用于所选占位符段落中，如图7-15所示。

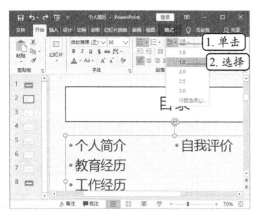

图7-14　设置段落行距　　　　　　　　　　　图7-15　更改项目符号

（5）使用设置第1张和第2张幻灯片占位符格式中文本内容的方法分别设置第3、4、6、7、8张幻灯片标题占位符和内容占位符中文本内容的格式。

（6）选择第5张幻灯片，将标题占位符中文本内容的字号设置为"44"，按住【Ctrl】键拖曳鼠标选择内容占位符中的"工作经验一"和"工作经验二"文本，单击【开始】/【段落】组中的"编号"按钮≣·右侧的下拉按钮▼，在弹出的下拉列表中选择"象形编号，宽句号"选项，如图7-16所示。

（7）保持"工作经验一"和"工作经验二"文本的选择状态，单击"加粗"按钮B加粗文本。选择"工作经验二"文本，在"编号"下拉列表中选择"项目符号和编号"选项，打开"项目符号和编号"对话框，在"编号"选项卡中的"起始编号"数值框中输入"2"，单击 确定 按钮，如图7-17所示。

图7-16　选择编号

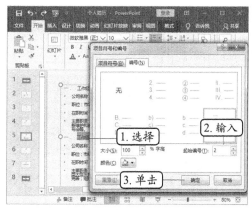

图7-17　设置编号起始值

（8）选择内容占位符中的文本内容，在"添加或删除栏"下拉列表中选择"更多栏"选项，打开"栏"对话框，在"数量"数值框中输入"2"，在"间距"数值框中输入"1厘米"，单击 确定 按钮，如图7-18所示。

（9）占位符中的内容分为两栏，对内容占位符的字体格式和行距进行设置，并对占位符的大小进行调整，效果如图7-19所示。

图7-18　分栏设置

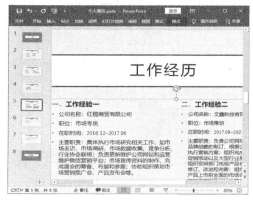

图7-19　查看占位符效果

多学一招　　　　　设置占位符中文字的对齐方式

　　选择占位符中的文本内容，单击"段落"组中的"对齐文本"按钮 ，在弹出的下拉列表中选择需要的对齐方式，即可设置占位符中的文本居于占位符顶端对齐、中部对齐或底端对齐。

（四）使用节管理幻灯片

对于演示文稿中的幻灯片，还可分节进行管理，其具体操作如下。

（1）将光标定位到第1张幻灯片前面，单击【开始】/【幻灯片】组中的"节"按钮 ，在弹出的下拉列表中选择"新增节"选项，如图7-20所示。

（2）第1张幻灯片前面将新增一个名为"无标题"节，并同时打开"重命名节"对话框，在"节名称"文本框中输入"开头部分"文本，单击 重命名(R) 按钮，如图7-21所示。

微课视频

使用节管理幻灯片

图7-20　新增节　　　　　　　　　　图7-21　重命名节

（3）使用相同的方法在第3张幻灯片前面和第8张幻灯片前面分别新增一个节。在节标题上单击鼠标右键，在弹出的快捷菜单中选择"全部折叠"命令，如图7-22所示。

（4）将所有节中的幻灯片折叠起来，当需要查看某节的幻灯片时，可单击节标题左侧的▷按钮，展开该节中的幻灯片，如图7-23所示。完成本任务的制作。

图7-22　折叠节　　　　　　　　　　图7-23　展开部分节

任务二　制作"工作总结"演示文稿

工作总结是对某一段时间内的工作情况进行回顾和分析，找出问题，吸取经验教训，以便顺利开展后期的工作。工作总结一般包含工作基本情况、工作问题和改进方案等内容，用户可以根据企业要求和实际情况撰写工作总结。

一、任务目标

本任务将设计并制作"工作总结"演示文稿，主要运用设计幻灯片母版、设置页眉页脚、插入与编辑对象等相关知识。本任务制作完成后的最终效果如图7-24所示。

素材所在位置　素材文件\项目七\工作总结\
效果所在位置　效果文件\项目七\工作总结.pptx

图7-24 "工作总结"演示文稿

二、相关知识

在设计和制作演示文稿时，经常需要用到幻灯片母版、图片等对象，灵活地对这些对象进行编辑，可以提升演示文稿整体效果。下面对设计和制作演示文稿时常用的一些知识和操作进行介绍。

（一）母版视图

PowerPoint 2016提供了幻灯片母版、备注母版和讲义母版3种母版视图，不同的母版其作用不同，各母版介绍如下。

- **幻灯片母版：** 幻灯片母版相当于一种模板，能够存储幻灯片中的所有信息，包括主题、颜色、字体格式、段落格式、形状、图片、文本框、SmartArt图形、表格、切换效果、动画等，当幻灯片母版发生变化时，幻灯片母版对应的幻灯片也会随之发生相同的变化。
- **备注母版：** 当需要为演示文稿输入提示内容，且将这些提示内容打印到纸张时，可以通过备注母版对备注内容、备注页方向、幻灯片大小以及页眉页脚信息等进行设置，图7-25所示为备注母版视图。
- **讲义母版：** 为了方便演示者在演示过程中能通过纸稿了解每张幻灯片中的内容，需要通过讲义母版对演示文稿中幻灯片在纸稿中的显示方式进行设置，包括每页纸上显示的幻灯片数量、讲义方向以及页面和页脚等信息，图7-26所示为讲义母版视图。

图7-25 备注母版视图　　　　　　图7-26 讲义母版视图

（二）图片裁剪

图片既可以辅助说明幻灯片中的文字，也可以提高幻灯片的图版率，使幻灯片页面效果更加美观，是制作演示文稿时最常用的对象之一。PowerPoint 2016提供了多种图片裁剪方式，用户可以选择合适的裁剪方式对图片进行裁剪，各裁剪方式介绍如下。

- **直接裁剪：** 选择图片，单击【图片工具 格式】/【大小】组中的"裁剪"按钮，此时图片进入裁剪状态，拖曳鼠标调整图片裁剪区域，调整完成后，再次单击"裁剪"按钮，完成图片的裁剪。
- **裁剪为形状：** 选择图片，单击【图片工具 格式】/【大小】组中的"裁剪"按钮下方的下拉按钮，在弹出的下拉列表中选择"裁剪为形状"选项，在弹出的子列表中选择需要的形状，即可将图片裁剪为选择的形状，如图7-27所示。

图7-27 将图片裁剪为形状

- **按纵横比裁剪：** 选择图片，单击【图片工具 格式】/【大小】组中的"裁剪"按钮下方的下拉按钮，在弹出的下拉列表中选择"纵横比"选项，在弹出的子列表中选择需要的纵横比，即可按照选择的比例裁剪图片，并且图片处于裁剪状态，此时，还可拖曳图片来调整图片按比例裁剪的区域，如图7-28所示。

图7-28 按纵横比裁剪图片

（三）合并形状

PowerPoint 2016提供了合并形状功能，通过该功能可以将两个或两个以上的形状合并为一个形状。合并形状功能提供了结合、组合、拆分、相交和剪除5种模式，介绍如下。

- **结合：** 是指将多个相互重叠或分离的形状结合生成一个新的形状，图7-29所示为合并前的两个形状；图7-30所示为结合形状后的效果。
- **组合：** 是指将多个相互重叠或分离的形状结合生成一个新的形状，但形状的重合部分将被剪除，如图7-31所示。

图7-29　合并前的形状　　　　图7-30　结合　　　　　图7-31　组合

- **拆分：**是指将多个形状重合或未重合的部分拆分为多个形状，并且每个形状可自由调整大小、位置和填充效果等，如图7-32所示。
- **相交：**是指将多个形状未重叠的部分剪除，重叠的部分将被保留，如图7-33所示。
- **剪除：**是指将被剪除的形状覆盖或被其他对象覆盖的部分清除所产生新的对象，如图7-34所示。

图7-32　拆分　　　　　　图7-33　相交　　　　　　图7-34　剪除

（四）SmartArt图形的转换

在PowerPoint 2016中，文字与SmartArt图形之间是可以相互转换的。文字与SmartArt图形之间的转换方法介绍如下。

- **将文本转换为SmartArt图形：**选择需要转换的文本，单击【开始】/【段落】组中的"转换为SmartArt"按钮 ，在打开的下拉列表中选择需要的SmartArt图形，即可将选择的文本转换为选择的SmartArt图形。
- **将SmartArt图形转换为文本：**选择SmartArt图形，单击【SmartArt工具 设计】/【重置】组中的"转换"按钮 ，在弹出的下拉列表中选择"转换为文本"选项，即可将SmartArt图形转换为文本。

三、任务实施

（一）通过幻灯片母版设计版式

为了使演示文稿的整体效果统一，下面通过幻灯片母版来设计演示文稿中幻灯片的版式，其具体操作如下。

（1）新建一个"工作总结"空白演示文稿，单击【视图】/【母版视图】组中的"幻灯片母版"按钮 ，进入幻灯片母版视图。

（2）在幻灯片窗格中选择第1个母版，设置标题占位符的字体和加粗效果，单击【插入】/【插图】组中的"形状"按钮 ，在弹出的下拉列表中选择"箭头总汇"栏下的燕尾型选项，如图7-35所示。

（3）在标题占位符左侧拖曳鼠标绘制形状，选择绘制的形状，在【绘图工具格式】/【形状样式】组的列表框中选择"彩色填充-橙色，强调颜色2"选项。

（4）单击【绘图工具】/【形状样式】组中的"形状填充"按钮 右侧的下拉按钮 ，在弹出的下拉列表中选择"其他填充颜色"选项，如图7-36所示。

微课视频

通过幻灯片母版设计版式

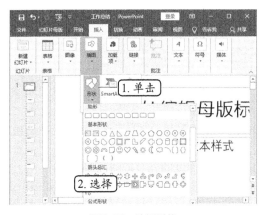

图7-35　选择形状　　　　　　　　　　图7-36　设置形状效果

（5）打开"颜色"对话框，单击"自定义"选项卡，在"红色""绿色"和"蓝色"数值框中分别输入"232""43""17"，单击 确定 按钮，如图7-37所示。

（6）复制两个V形形状，将其粘贴到一排显示，然后选择第2个母版版式，单击【幻灯片母版】/【背景】组中的"背景样式"按钮 ，在弹出的下拉列表中选择"设置背景格式"选项，如图7-38所示。

图7-37　自定义颜色

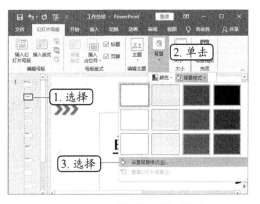

图7-38　选择"设置背景格式"选项

多学一招　　　　　　　**使用取色器快速吸取颜色**

选择形状，在"形状填充"下拉列表中选择"取色器"选项，此时鼠标指针变成 形状，移动到当前工作界面中需要的颜色上，并显示出该颜色，单击即可吸取当前的颜色，并应用到所选的形状中。

（7）打开"设置背景格式"任务窗格，在"填充"选项下选中"图片或纹理填充"单选按钮和"隐藏背景图形"复选框，单击 插入(R)... 按钮，如图7-39所示。

（8）在打开的对话框中单击"浏览"超链接，打开"插入图片"对话框，在地址栏中选择图片保存的位置，选择"图书馆"选项，单击 插入(S) 按钮，如图7-40所示。

（9）插入的图片将填充为幻灯片背景，绘制一个与幻灯片相同大小的矩形，选择绘制的图形，单击【绘图工具 格式】/【形状样式】组中的"设置形状样式"按钮 ，在打开的"设置形状格式"任务窗格中将"颜色"设置为"黑色，文字1，淡色25%"，将"透明度"设置为"24%"，在"线条"选项下选中"无线条"单选按钮，取消矩形的轮廓，如图7-41所示。

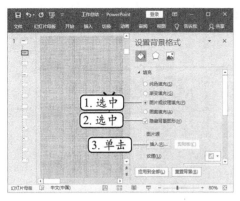

图7-39 设置背景填充方式

图7-40 选择图片文件

（10）在矩形上再绘制一个白色无轮廓的矩形，再在白色矩形上绘制一个矩形，选择绘制的矩形，单击【绘图工具】/【形状样式】组中的"形状填充"按钮 🖌 右侧的下拉按钮 ⌄，在弹出的下拉列表中选择"无填充"选项，取消形状填充；单击【绘图工具】/【形状样式】组中的"形状轮廓"按钮 🖉 右侧的下拉按钮 ⌄，在弹出的下拉列表中选择"红色"选项，再选择"粗细"选项，在弹出的子列表中选择"2.25磅"选项，如图7-42所示。

图7-41 设置形状填充效果

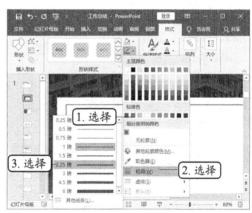

图7-42 设置轮廓粗细

（11）在幻灯片中绘制一个红色的矩形和两个红色的直角三角形，选择左边的直角三角形，单击【绘图工具 格式】/【排列】组中的"旋转"按钮 🔄，在弹出的下拉列表中选择"水平翻转"选项，如图7-43所示，调整直角三角形的旋转方向。

（12）选择第3张幻灯片版式，使用设计第2张幻灯片版式的方法进行设计，完成后单击【幻灯片母版】/【关闭】组中的"关闭母版视图"按钮 ⊠，如图7-44所示。退出母版视图，返回普通视图。

知识提示 **幻灯片母版设计注意事项**

　　幻灯片母版视图左侧幻灯片窗格中的第1张幻灯片为母版版式，它的改变会影响演示文稿中的所有幻灯片，幻灯片中其他版式的改变只影响该版式的幻灯片，所以，在设计幻灯片母版时，一般先设计母版版式，再设计其他版式。另外，在幻灯片母版中应用主题、设置字体格式、段落格式、插入对象等方法与在普通视图中设置的方法一样。

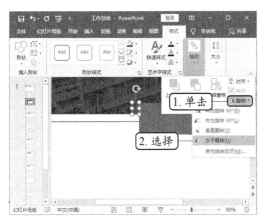

图7-43 设置形状旋转方向　　　　　图7-44 设计其他幻灯片版式

（二）设置页眉页脚

微课视频

设置页眉页脚

　　页眉页脚的作用是显示一些附加信息，如日期、公司名称、幻灯片编号等，下面为幻灯片添加页眉页脚，其具体操作如下。

　　（1）在第1张幻灯片的标题占位符和副标题占位符中输入相应的文本内容，并对占位符的字体格式和位置进行设置。复制标题占位符，将其粘贴到红色矩形上，将文本更改为"2021"，字体颜色更改为"白色"。

　　（2）单击【插入】/【文本】组中的"页眉和页脚"按钮📄，如图7-45所示。

　　（3）打开"页眉和页脚"对话框，在"幻灯片"选项卡中选中"幻灯片编号""页脚"和"标题幻灯片中不显示"复选框，在"页脚"下的文本框中输入公司名称，单击 全部应用(Y) 按钮，如图7-46所示。

图7-45 单击"页眉和页脚"按钮

图7-46 设置页眉和页脚

微课视频

为幻灯片添加图形对象

（三）为幻灯片添加图形对象

　　下面通过添加文本框、图片、形状和SmartArt图形等对象来完善幻灯片内容，其具体操作如下。

　　（1）选择第1张幻灯片，按【Enter】键新建幻灯片，在幻灯片占位符中输入"目录"文本内容，并将文本内容调整到合适的大小和位置。

　　（2）按住【Shift】键绘制一个圆和弦形形状，并调整弦形形状的旋转角度，选择圆和弦形形状，单击【绘图工具 格式】/【插入形状】组中的"合并形状"按钮，在弹出的下拉列表中选择"剪除"选项，如图7-47所示。

（3）选择合并后的形状，取消形状的轮廓，将其填充色设置为"深灰色(RGB:63,63,63)"，在新形状下方绘制一条直线，将其填充为"深灰色"，粗细设置为"2.25磅"。

（4）单击【插入】/【文本】组中的"文本框"下方的下拉按钮，在弹出的下拉列表中选择"绘制横排文本框"选项，如图7-48所示。

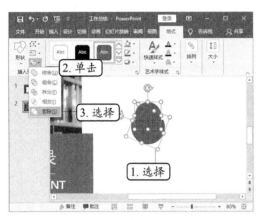

图7-47　合并形状

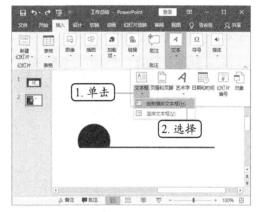

图7-48　选择文本框类型

（5）在直线上绘制一个文本框，输入"工作内容概述"文本内容，并对其字体格式进行设置，然后复制粘贴"工作内容概述"文本框，对文本框中的文本、字体颜色等进行修改。

（6）将形状、直线和文本框绘制在第2张幻灯片并保持选择状态，单击【绘图工具 格式】/【排列】组中的"组合"按钮，在弹出的下拉列表中选择"组合"选项，如图7-49所示，将所选对象组合为一个对象。

（7）选择组合的对象，按住【Ctrl】键和【Shift】键，向下垂直拖曳鼠标复制对象，再对对象中形状的颜色、文本内容、直线颜色等进行设置，如图7-50所示。

图7-49　组合对象

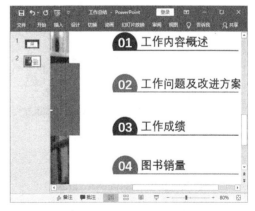

图7-50　复制和更改对象

（8）新建一个"两栏内容"版式的幻灯片，在标题占位符中输入标题内容，删除两个内容占位符，在幻灯片中绘制一个矩形，取消矩形的轮廓，在"形状填充"下拉列表中选择"图片"选项，如图7-51所示。

（9）打开"插入图片"对话框，在地址栏中选择图片保存的位置，选择"图片2"图片填充到形状中，选择形状，单击【图片工具 格式】/【大小】组中的"裁剪"按钮下方的下拉按钮，在弹出的下拉列表中选择"填充"选项，如图7-52所示。

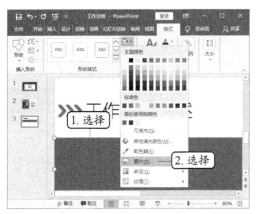

图7-51　选择形状填充方式

图7-52　调整图片填充

> **知识提示**　　　　　　　　　　　　　**图片填充形状**
>
> 　　　使用图片填充形状时，填充到形状中的图片会变形，此时可以通过"裁剪"下拉列表中的"填充"或"适合"选项来设置填充形状需要的图片区域。

（10）将图片以正常的比例填充形状，退出图片的裁剪状态，单击【插入】/【插图】组中的"SmartArt"按钮，如图7-53所示。

（11）打开"选择SmartArt图形"对话框，选择"堆叠列表"选项，单击 确定 按钮，如图7-54所示。

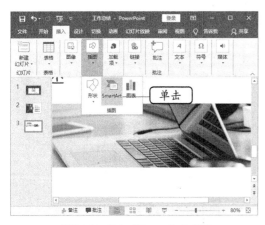
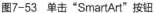

图7-53　单击"SmartArt"按钮

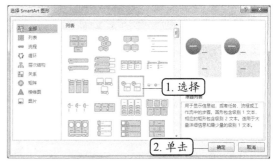

图7-54　选择SmartArt图形

（12）在插入的SmartArt图形中输入与工作内容概述相应的内容，并删除多余的形状，选择SmartArt图形中的形状"2"，单击【SmartArt图形工具 设计】/【创建图形】组中的"添加形状"按钮右侧的下拉按钮，在弹出的下拉列表中选择"在后面添加形状"选项，如图7-55所示。

（13）在添加的形状中输入"组织、跟进外部作者编写的图书内容"文本，并对SmartArt图形中形状的填充色进行设置，如图7-56所示。

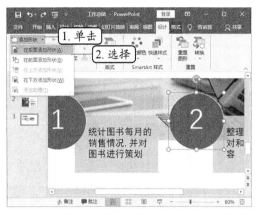

图7-55　添加形状

图7-56　SmartArt图形效果

（14）复制第3张幻灯片作为第4张幻灯片，更改占位符中的标题，删除幻灯片中的形状和SmartArt图形，插入需要的形状和文本框。

（15）选择"图片1"，单击【图片工具 格式】/【图片样式】组中的"图片边框"按钮右侧的下拉按钮，在弹出的下拉列表中选择"粗细"选项，在弹出的子列表中选择"3磅"选项，如图7-57所示。

（16）保持图片的选择状态，单击【图片工具 格式】/【图片样式】组中的"图片效果"按钮，在弹出的下拉列表中选择"阴影"选项，在弹出的子列表中选择"偏移：中"选项，为图片添加阴影效果，如图7-58所示。

图7-57　添加图片边框

图7-58　添加阴影效果

（四）添加表格和图表对象直观展示数据

对于幻灯片中的数据信息，可以通过表格和图表直观展示数据，其具体操作如下。

（1）复制第4张幻灯片，修改第5张幻灯片标题占位符中的内容，删除其他内容，单击【插入】/【表格】组中的"表格"按钮，在弹出的下拉列表中拖曳鼠标选择"5×5表格"插入幻灯片中，如图7-59所示。

（2）在表格单元格中输入相应的数据，选择整个表格，单击【表格工具 布局】/【对齐方式】组中的"居中"按钮和"垂直居中"按钮对齐文本。

微课视频

添加表格和图表对象
直观展示数据

（3）按住鼠标左键不放，向右拖曳表格第1列和第2列的分割线，调整表格第1列的列宽，选择第2~5列，单击【表格工具 布局】/【单元格大小】组中的"分布列"按钮，如图7-60所示，平均分布所选列的大小。

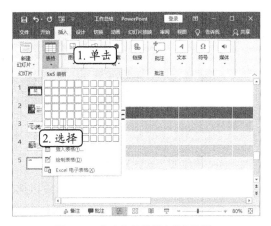
图7-59 拖曳鼠标选择表格行列数

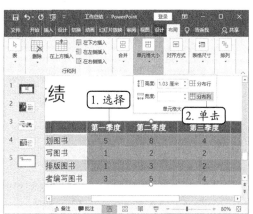
图7-60 平均分布列

（4）调整表格高度到合适位置，选择整个表格，在【表格工具 设计】/【表格样式】组中的列表框中选择"中度样式3-强调2"选项，选择表格第1行，单击"表格样式"组中的"底纹"按钮右侧的下拉按钮，在弹出的下拉列表中选择"红色"选项，如图7-61所示。

（5）复制第5张幻灯片，修改第6张幻灯片的标题，删除表格，单击【插入】/【插图】组中的"图表"按钮，打开"插入图表"对话框，选择"簇状柱形图"选项，单击确定按钮，如图7-62所示。

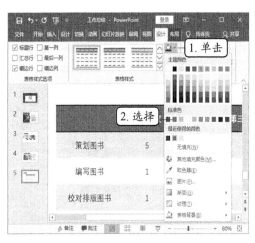
图7-61 设置表格底纹

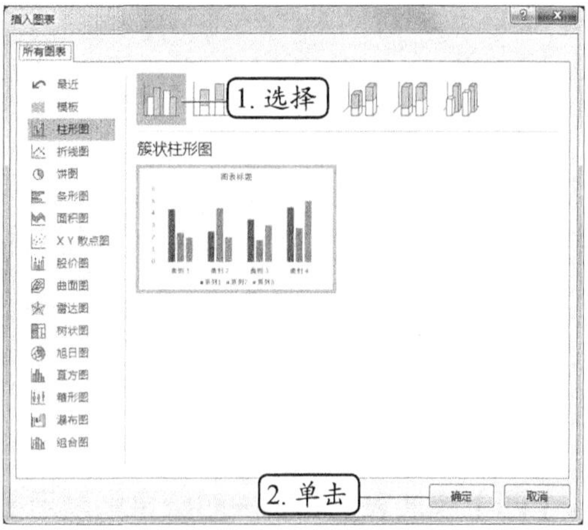

图7-62 选择图表

（6）在幻灯片中插入图表，并且打开"Microsoft PowerPoint中的图表"对话框，在单元格中输入图表中需要展示的数据，如图7-63所示。

（7）关闭对话框，选择幻灯片中的图表，将标题更改为"2021年图表销量分析"，为图表应用"样式6"图表样式。

（8）选择图表，单击图表右侧的"图表元素"按钮，在弹出的面板中选中"数据标签"复选按钮，图表的数据系列将显示数据标签，如图7-64所示，完成本任务的制作。

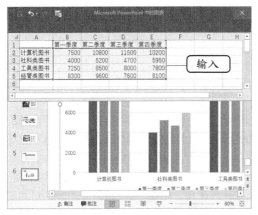

图7-63　输入图表数据

图7-64　添加图表元素

任务三　绘声绘色展示"礼仪培训"演示文稿

礼仪培训是指仪容、仪表、仪态等方面的培训，根据礼仪活动环境的不同，分为商务礼仪、服务礼仪、社交礼仪、政务礼仪、职场礼仪等。礼仪是每一个人必备的基本素养，对员工进行礼仪培训不仅能提高员工自身的素养，增强与人沟通交流的能力，还有助于维护企业的形象，因此，礼仪培训对个人和企业都非常重要。

一、任务目标

本任务将通过超链接、音频和视频等相关知识来制作"礼仪培训"演示文稿。本任务制作完成后的部分幻灯片效果如图7-65所示。

图7-65　"礼仪培训"演示文稿

　素材所在位置　素材文件\项目七\礼仪培训.pptx、轻音乐.mp3、站姿视频.mp4

　　　　　　　　　效果所在位置　效果文件\项目七\礼仪培训.pptx

二、相关知识

为了更好地突显内容和增强幻灯片的播放效果，有时需要为幻灯片中的对象或幻灯片添加一些交互设计和多媒体文件，下面分别进行介绍。

（一）幻灯片交互设计

在放映幻灯片时，如果希望单击某个对象便能跳转到指定的幻灯片，那么需要为幻灯片设置交互设计。在PowerPoint 2016中，幻灯片交互设计主要通过动作按钮、超链接和动作来实现，分别介绍如下。

- **动作按钮：** 动作按钮是用于转到下一张幻灯片、上一张幻灯片、最后一张幻灯片等的形状，通过单击动作按钮，可在放映幻灯片时实现幻灯片之间的跳转。其方法为：在【插入】/【形状】组中单击 按钮，在弹出的下拉列表中选择"动作按钮"栏中代表动作的形状，在幻灯片中按住鼠标左键不放拖曳鼠标绘制，绘制完成后释放鼠标左键，自动打开"操作设置"对话框，在对话框中对链接位置进行设置，单击 确定 按钮。放映幻灯片时，单击动作按钮，即可切换到相对应的幻灯片进行放映。

- **超链接：** 通过添加超链接，在放映幻灯片时也能实现对象与幻灯片或对象与其他文件之间的交互。其方法为：在幻灯片中选择要添加超链接的对象，单击【插入】/【链接】组中的"链接"按钮 ，打开"插入超链接"对话框，在"链接到"栏中选择链接的位置，在右侧设置要链接到的幻灯片、文件或网址等，单击 确定 按钮。返回幻灯片，将鼠标指针移动到添加超链接的对象上，将显示链接的幻灯片或文件的名称。另外，如果是为文本对象添加的超链接，那么添加超链接的文本将自动添加下画线，并且文本颜色会发生变化。

- **动作：** 动作可以对所选对象进行单击或鼠标悬停时的操作，实现对象与幻灯片或对象与其他文件之间的交互。其方法为：在幻灯片中选择要添加动作的对象，单击【插入】/【链接】组中的"动作"按钮 ，打开"操作设置"对话框，在"单击鼠标"选项卡中选中"超链接到"单选按钮，在下方的下拉列表框中选择动作链接的对象，如果选择"其他文件"选项，将打开"超链接到其他文件"对话框，在其中选择需要链接的文件，单击 确定 按钮，如图7-66所示。放映幻灯片时，单击对象，将打开链接的文件或幻灯片。

图7-66　将动作链接到外部文件

（二）多媒体格式

在PowerPoint 2016中，除了可以插入图片、形状、SmartArt图形、表格、图表等对象外，还可以插入音频和视频文件，但PowerPoint 2016不支持所有的音频格式和视频格式，所以，在插入音频和视频文件之前，需要先了解清楚PowerPoint 2016支持哪些音频格式和视频格式，这样才能有针对地挑选合适的音频和视频文件。PowerPoint 2016支持的音频和视频格式如下。

- **音频格式：** PowerPoint支持的音频格式文件有ADTS Audio（扩展名.aac）、AIFF audio file（扩展名.aiff）、AU audio file（扩展名.au）、MIDI file（扩展名.midi）、MP3 audio file（扩展名.mp3）、MP4 Audio（扩展名.m4a、.mp4）、Windows audio file（扩展名.wav）、Windows Media Audio file（扩展名.wma）等。
- **视频格式：** PowerPoint 2016支持的视频格式文件有Windows Media file（扩展名.asf）、Windows video file（扩展名.avi）、QuickTime Movie file（扩展名.mov）、MP4 video（扩展名.m4v、.mp4）、Movie file（扩展名.mpg）、MPEG-2TS（扩展名.mpeg）、Windows Media Video file（扩展名.wmv）等。

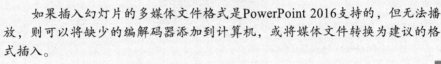

知识提示　　　　　　　　　**音频或视频不能播放**

如果插入幻灯片的多媒体文件格式是PowerPoint 2016支持的，但无法播放，则可以将缺少的编解码器添加到计算机，或将媒体文件转换为建议的格式插入。

三、任务实施

（一）为目录页添加超链接

下面将目录页中的文本通过超链接链接到相应的幻灯片中，其具体操作如下。

（1）打开"礼仪培训.pptx"演示文稿，选择第2张幻灯片中的"培训目的"文本，单击【插入】/【链接】组中的"链接"按钮，如图7-67所示。

（2）打开"插入超链接"对话框，在"链接到"栏中单击选择"本文档中的位置"选项，在"请选择文档中的位置"列表框中选择"3.培训目的"选项，单击 确定 按钮，如图7-68所示。

微课视频

为目录页添加超链接

图7-67　单击"链接"按钮

图7-68　插入超链接

（3）返回幻灯片编辑区，可发现添加超链接的文本颜色发生了变化，并且添加了下画线，使用相同的方法为其他文本添加超链接。

（4）选择"个人服饰"文本，在其上单击鼠标右键，在弹出的快捷菜单中选择"打开链接"

命令，如图7-69所示。

（5）将切换到文本关联的幻灯片，并显示幻灯片中的内容，如图7-70所示。

图7-69　选择菜单命令

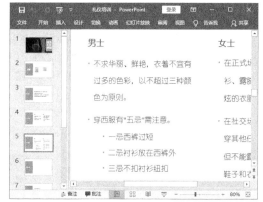

图7-70　查看链接

（二）插入需要的音频和视频

在PowerPoint 2016中既可以插入计算机中保存的音频或视频文件，也可以插入联机视频，其具体操作如下。

（1）选择演示文稿中的第1张幻灯片，单击【插入】/【媒体】组中的"音频"按钮◀◗，在弹出的下拉列表中选择"PC上的音频"选项，如图7-71所示。

（2）打开"插入音频"对话框，选择"轻音乐.mp3"音频文件，单击 插入(S) 按钮，如图7-72所示。

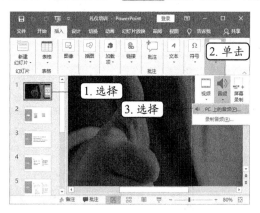

图7-71　选择音频相关选项

图7-72　插入音频文件

（3）在幻灯片中将显示所添加音频文件的图标，单击音频播放控制条上的"播放"按钮▶，即可播放音频，如图7-73所示。

（4）选择第6张幻灯片，单击"媒体"组中的"视频"按钮，在弹出的下拉列表中选择"PC上的视频"选项，如图7-74所示。

（5）打开"插入视频文件"对话框，选择"站姿视频"文件，单击 插入(S) 按钮，如图7-75所示。

（6）在幻灯片中单击视频播放控制条上的"播放"按钮▶，即可查看视频，如图7-76所示。

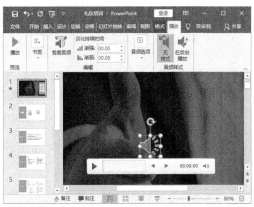

图7-73 查看音频文件

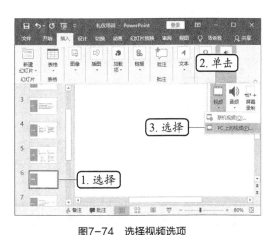

图7-74 选择视频选项

图7-75 插入视频

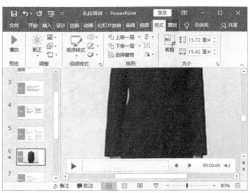

图7-76 查看视频

（三）剪辑视频

对于插入的视频，还可对视频的前后进行剪辑，其具体操作如下。

（1）选择第6张幻灯片中的视频图标，单击【视频工具 播放】/【编辑】组中的"剪裁视频"按钮，如图7-77所示。

（2）打开"剪裁视频"对话框，在"开始时间"数值框中输入视频的开始时间"00:05.195"，在"结束时间"数值框中输入视频的结束时间"00:36.788"，单击 确定 按钮，如图7-78所示。

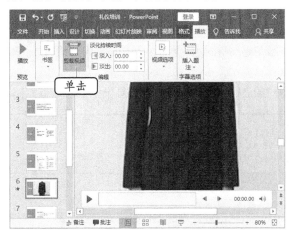

图7-77 单击"剪裁视频"按钮

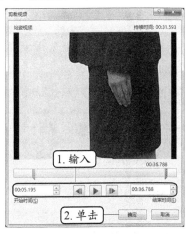

图7-78 剪辑视频

（四）设置音频和视频播放选项

微课视频

设置音频和视频播放
选项

对于插入的音频或视频，还可根据场合或实际需要，对音频或视频的播放选项进行设置，其具体操作如下。

（1）选择第1张幻灯片中的音频图标，在【音频工具 播放】/【音频选项】组中选中"跨幻灯片播放"复选框、"循环播放，直到停止"复选框和"放映时隐藏"复选框，如图7-79所示。

（2）选择第6张幻灯片中的视频图标，在【视频工具 播放】/【视频选项】组中的"开始"下拉列表框中选择"单击时"选项，选中"全屏播放"复选框，如图7-80所示，完成本任务的制作。

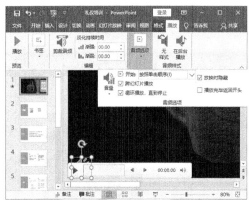

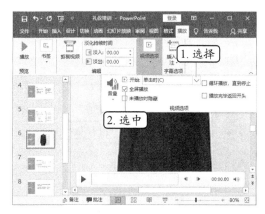

图7-79　设置音频选项　　　　　　　　　　图7-80　设置视频选项

多学一招　　　　　　　　　　**更改视频图标形状**

选择视频图标，单击【视频工具 格式】/【视频样式】组中的"视频形状"按钮，在弹出的下拉列表中选择需要的形状，即可将视频图标更改为选择的形状。

实训一　制作"景点宣传"演示文稿

【实训要求】

本实训将制作"景点宣传"演示文稿，其目的是宣传景点，以吸引更多的游客，所以，制作的演示文稿整体效果必须美观，对幻灯片的排版布局没有固定的要求，可以根据具体情况灵活排版。

【实训思路】

本实训主要使用文本框、图片和形状等对象进行制作。参考效果如图7-81所示。

素材所在位置　素材文件\项目七\九寨沟\

效果所在位置　效果文件\项目七\景点宣传.pptx

【步骤提示】

（1）新建"景点宣传"空白演示文稿，对第1张幻灯片中的占位符格式进行设置，并复制占位符制作其他需要的文本。

图7-81 "景点宣传"演示文稿

（2）插入图片，并对图片进行裁剪和大小设置；插入形状，并对形状的轮廓、填充效果、透明度等进行设置。

（3）新建一张幻灯片，在其中输入需要的文本内容，插入形状，并对形状轮廓和填充效果等进行设置。

（4）使用制作第2张幻灯片的方法制作其他幻灯片。

实训二　制作"公司介绍"演示文稿

【实训要求】

本实训要求制作"公司介绍"演示文稿，其主要内容包括公司的发展历程、公司使命、主营业务、公司优势等内容，其目的是简明扼要地介绍公司的情况，让观众记住公司及公司产品，从而宣传推广公司。

【实训思路】

本实训将首先对幻灯片母版进行设计，然后通过添加形状、文本框、图片和SmartArt图形等内容来完善幻灯片内容。完成效果如图7-82所示。

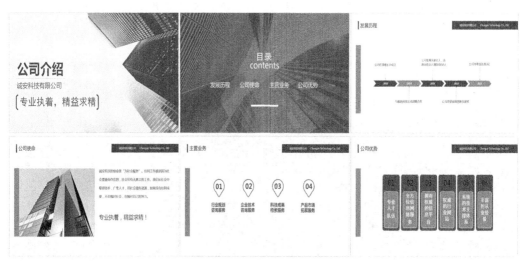

图7-82 "公司介绍"演示文稿

素材所在位置 素材文件\项目七\封面.png、目录.png、建筑.png

效果所在位置 效果文件\项目七\公司介绍.pptx

【步骤提示】

（1）新建一个"公司介绍"空白演示文稿，进入幻灯片母版，通过设置背景格式、插入形状和文本框等操作来设计标题页、目录页和内容页的版式。

（2）通过形状、文本框等对象来制作第1张、第2张、第3张和第5张幻灯片。

（3）通过插入图片和SmartArt图形来制作第4张和第6张幻灯片。

课后练习

（1）本练习将制作"产品销售报告"演示文稿，效果如图7-83所示。在制作时，首先需要使用纹理填充幻灯片背景，然后使用形状、文本框、表格和图表等对象来完善演示文稿幻灯片中的内容。

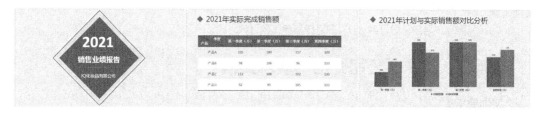

图7-83 "产品销售报告"演示文稿

效果所在位置 效果文件\项目七\产品销售报告.pptx

（2）本练习将制作"楼盘项目介绍"演示文稿，效果如图7-84所示。在制作时，首先为演示文稿应用相应的主题，并对主题颜色进行修改，然后添加形状、文本框、图片和SmartArt图形等制作幻灯片内容。

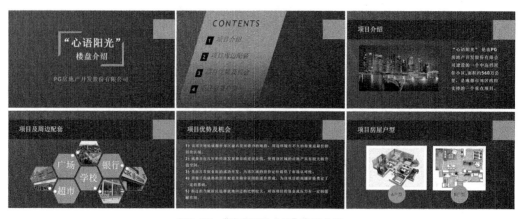

图7-84 "楼盘项目介绍"演示文稿

| **素材所在位置** | 素材文件\项目七\项目\ |
| **效果所在位置** | 效果文件\项目七\楼盘项目介绍.pptx |

技能提升

1. 制作电子相册

如果制作的演示文稿是全图型的，则可通过PowerPoint 2016提供的相册功能快速将图片分配到幻灯片中。其方法是：单击【插入】/【图像】组中的"相册"按钮，打开"相册"对话框，单击 文件/磁盘(F) 按钮，打开"插入新图片"对话框，选择多张图片，单击 插入(S) ▼按钮，返回"相册"对话框，设置创建相册需要的图片、图片版式、主题等，设置完成后单击 创建(C) 按钮，即可创建图片型的演示文稿，如图7-85所示。

图7-85　创建相册

2. 自定义幻灯片大小

PowerPoint 2016默认的幻灯片大小为宽屏（16：9），如果其不能满足需要，则可自定义幻灯片的大小。其方法是：在演示文稿中单击【设计】/【自定义】组中的"幻灯片大小"按钮，在弹出的下拉列表中选择"自定义幻灯片大小"选项，打开"幻灯片大小"对话框，对幻灯片的宽度、高度进行设置，完成后单击 确定 按钮，打开"Microsoft PowerPoint"提示对话框，确认是要最大化内容大小还是按比例缩小以确保适应新幻灯片，如图7-86所示。

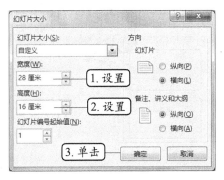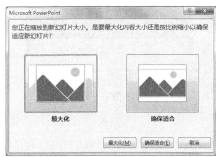

图7-86　自定义幻灯片大小

3. 插入屏幕录制

屏幕录制功能可以将正在进行的操作、播放的视频和正在播放的音频录制下来，并插入幻灯片中。其方法是：单击【插入】/【媒体】组中的"屏幕录制"按钮，切换到当前计算机屏幕中显示的窗口界面，在打开的屏幕录制对话框中单击"选择区域"按钮，此时计算机屏幕变成半透明状态，鼠标指针也变成十形状，然后拖曳鼠标在屏幕中绘制录制的区域，单击"录制"按钮●，开始对屏幕中播放的视频进行录制，录制完成后，按【Windows+Shift+Q】组合键停止录制，即可将录制的视频插入幻灯片中，并切换到PowerPoint窗口，在幻灯片中可查看录制的视频，如图7-87所示。

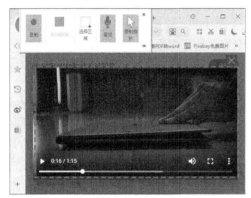

图7-87　插入屏幕录制

4. 设计视频图标封面

在幻灯片中插入视频后，其视频图标封面将显示视频的第一个画面，为了让幻灯片整体效果更加美观，可以将视频图标封面更改为视频的某一帧画面或其他图片。其方法是：单击【视频工具格式】/【调整】组中的"海报框架"按钮，在弹出的下拉列表中选择"当前帧"选项，可将视频播放到需要作为视频图标封面的某一帧，如图7-88所示；选择"文件中的图像"选项，打开"插入图片"对话框，选择需要的图片，即可将选择的图片作为视频图标封面，如图7-89所示。

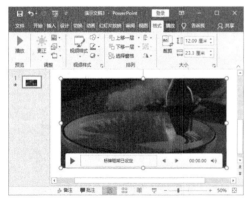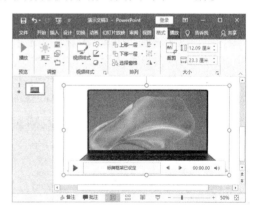

图7-88　将视频中的某一帧作为封面　　　图7-89　将其他图片作为视频封面

项目八

PowerPoint 动画及放映设置

情景导入

  米拉制作了一份关于产品宣传的演示文稿，老洪对演示文稿的效果非常满意，但对放映效果并不满意，于是对米拉说："要想增强演示文稿的播放效果，吸引观众的注意力，还可以适当为幻灯片和幻灯片中的对象添加动画效果，另外，还需要根据放映的场合和需求对演示文稿进行放映设置。"于是米拉开始了PowerPoint动画及放映设置的学习。

学习目标

- 掌握动态展示"竞聘报告"演示文稿的方法。

  如添加切换动画、为对象添加动画、自定义动画的动作、添加触发动画、调整动画播放顺序、设置动画计时、放映幻灯片、导出为视频文件等。

- 掌握放映并导出"宣传画册"演示文稿的方法。

  如自定义放映、排练计时、联机放映、导出为PDF文件等。

素养目标

  提高艺术审美修养，培育优秀的视觉艺术欣赏能力与鉴赏力。

案例展示

▲ "竞聘报告"演示文稿　　　　　　▲ "宣传画册"演示文稿

任务一　动态展示"竞聘报告"演示文稿

竞聘报告是竞聘者为竞聘某个岗位在竞聘会议上向参加会议的人发表的一种文书，内容主要包括自我介绍、竞聘优势、对竞聘岗位的认识、被聘任后的工作设想等。

一、任务目标

本任务将通过添加切换动画、为幻灯片对象添加动画动态展示演示文稿效果，并导出为视频文件，便于在其他场合播放。本任务制作完成后部分幻灯片如图8-1所示。

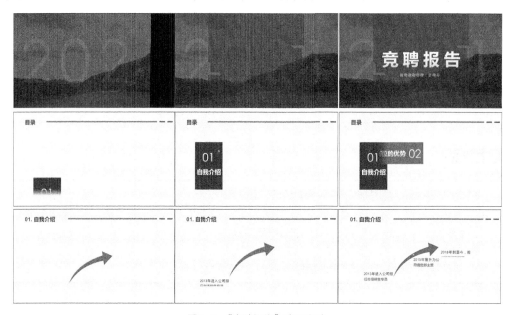

图8-1　"竞聘报告"演示文稿

素材所在位置　素材文件\项目八\竞聘报告.pptx

效果所在位置　效果文件\项目八\竞聘报告.pptx

二、相关知识

在展示演示文稿中的内容时，适当的动画能提升演示文稿的整体效果，下面对动画的相关知识进行介绍。

（一）切换动画和动画的区别

切换动画是指幻灯片与幻灯片之间的过渡动画效果，它应用的对象是演示文稿中的幻灯片，而动画则是为幻灯片中的图片、占位符、文本框、形状、SmartArt图形、表格、图表等对象添加的播放动画，针对的是幻灯片中的对象。另外，每张幻灯片只能设置一种切换动画，而幻灯片中的同一对象则可以添加两种或两种以上的动画效果。

（二）动画类型

PowerPoint 2016提供了进入动画、强调动画、退出动画和路径动画4种动画类型，每种动画类型又提供了多种动画效果，用户可以选择合适的动画应用于幻灯片对象。各动画类型如下。

- **进入动画：**是指对象进入幻灯片的动作效果，可以实现对象从无到有、陆续展现的动画效果，如出现、淡化、飞入、浮入、劈裂、擦除、形状、轮子、随机线条、翻转式由远及近、缩放、旋转、弹跳等动画。
- **强调动画：**是指对象从初始状态变化到另一个状态，再回到初始状态的动画效果，主要起到对象进入画面后，对重要的内容进行强调的作用，主要包括脉冲、跷跷板、陀螺旋、放大/缩小、对象颜色、补色、填充颜色等动画。
- **退出动画：**是指让对象从有到无、逐渐消失的动画效果，主要包括消失、飞出、浮出、收缩并旋转、缩放、旋转、弹跳等动画。
- **路径动画：**是指让对象按照绘制的路径运动的一种高级动画效果，可以实现动画的灵活变化，主要包括直线、弧形、转弯、形状、循环等动画，另外，还可以根据需要自行绘制动画路径。

三、任务实施

（一）为所有幻灯片添加相同的切换动画

为幻灯片添加切换动画后，还可以对切换方向、切换声音、持续时间等进行设置，其具体操作如下。

微课视频

为所有幻灯片添加
相同的切换动画

（1）打开"竞聘报告.pptx"演示文稿，单击【切换】/【切换到此幻灯片】组中的"切换效果"按钮，在弹出的下拉列表中选择需要的切换效果"页面卷曲"选项，如图8-2所示。

（2）单击【切换】/【切换到此幻灯片】组中的"效果选项"按钮，在弹出的下拉列表中选择"单右"选项，如图8-3所示。

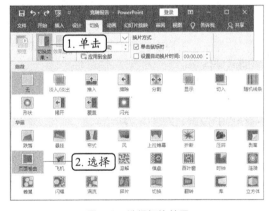

图8-2　选择切换效果

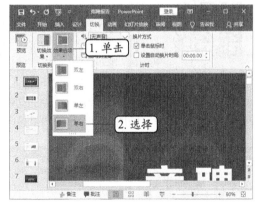

图8-3　设置效果选项

知识提示　　　　　　　　　　　　　**效果选项**

　　"效果选项"按钮的图标随着应用的切换效果的不同而有所不同，且"效果选项"下拉列表中提供的选项也会根据切换效果而变化。

（3）在【切换】/【计时】组中的"声音"下拉列表框中选择"风铃"选项，在"持续时间"数值框中输入切换动画播放时间"01.50"，单击"应用到全部"按钮，如图8-4所示。

（4）将当前幻灯片的切换效果应用到演示文稿的其他幻灯片中，应用完成后，会在幻灯片窗格中的数字下显示★图标，表示添加了动画效果，如图8-5所示。

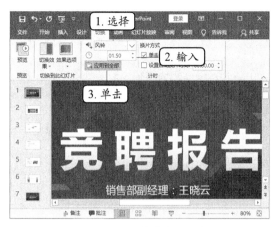

图8-4　设置切换动画计时

图8-5　应用相同的切换效果

多学一招　　　　将计算机中的音频设置为切换声音

在【切换】/【计时】组中的"声音"下拉列表框中选择"其他声音"选项，打开"添加音频"对话框，选择WAV格式的音频文件，单击 打开(O) 按钮，即可将选择的音频作为切换声音。

（二）为幻灯片对象添加动画

微课视频

为幻灯片对象添加动画

下面为幻灯片中的各个对象添加动画效果，并对动画的开始时间、持续时间、播放顺序等进行设置，使各动画之间的衔接更加自然、流畅，其具体操作如下。

（1）选择第1张幻灯片中的"2021"文本所在的文本框，单击【动画】/【动画】组中的"其他"按钮▼，在弹出的下拉列表中选择"动作路径"栏中的"弧形"选项，如图8-6所示。

（2）为文本框插入"弧形"动画效果的动作路径，绿色三角形表示起点，红色三角形表示终点，选择幻灯片中的动作路径，将鼠标指针移动到起点，按住鼠标左键不放拖曳调整起点的位置，使用相同的方法调整动作路径终点的位置，如图8-7所示。

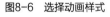

图8-6　选择动画样式

图8-7　调整动作路径长短和位置

多学一招　　　　　　　　　　**自定义路径**

　　选择幻灯片中添加动画的对象，在"动画"组中的列表框中选择"动作路径"栏中的"自定义路径"选项，此时，鼠标指针变成十形状，在路径起始位置按住鼠标左键不放，拖曳鼠标绘制动画的动作路径，绘制完成后双击结束绘制，幻灯片中将显示绘制的动作路径。另外，绘制的动作路径也可像插入的动作路径一样进行编辑。

　　（3）选择矩形，为其添加"擦除"进入动画，单击"动画"组中的"效果选项"按钮↑，在弹出的下拉列表中选择"自顶部"选项，如图8-8所示。

　　（4）选择第1张幻灯片的其他形状和文本框，为其添加"缩放"进入动画，然后选择"销售部副经理……"文本所在的文本框，单击【动画】/【高级动画】组中的"添加动画"按钮★，在弹出的下拉列表中选择"强调"栏中的"画笔颜色"选项，如图8-9所示。

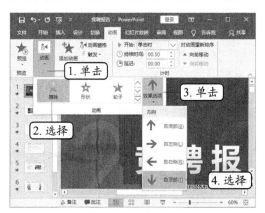

图8-8　设置动画效果选项　　　　　　　　　图8-9　添加第2个动画

知识提示　　　　　　　　**为同一对象添加多个动画效果**

　　为幻灯片中的同一对象添加多个动画效果时，只能一次一次地添加，不能一次性添加多个。另外，从添加第2个动画开始，必须通过添加动画功能来实现，如果通过【动画】/【动画】组中的列表框添加动画，则会替换该对象当前的动画效果。

　　（5）单击"高级动画"组中的"动画窗格"按钮，打开"动画窗格"任务窗格，选择最后一个动画效果选项，在"动画"组中的"效果选项"下拉列表中选择"深红"选项，如图8-10所示。

　　（6）在"动画窗格"任务窗格中选择第一个动画效果选项，在【动画】/【计时】组中的"开始"下拉列表中选择"上一动画之后"选项，在"持续时间"数值框中输入动画播放时长"01.50"，如图8-11所示。

多学一招　　　　　　　**通过对话框设置动画计时**

　　在"动画窗格"任务窗格的动画效果选项（如"擦除"）上单击鼠标右键，在弹出的快捷菜单中选择"计时"命令，打开"擦除"对话框，在"效果"选项卡中可对动画的路径、声音、动画播放后效果等进行设置；在"计时"选项卡中可对动画的播放开始时间、持续时间、延迟时间、重复播放等进行设置；在"文本动画"选项卡中可对文本的动画效果进行设置。

图8-10　设置动画效果选项　　　　　　　　图8-11　设置动画计时

（7）使用相同的方法设置其他动画效果的开始时间和持续播放时间。

（8）单击"高级动画"组中的"动画窗格"按钮，打开"动画窗格"任务窗格，选择"组合5"动画效果选项，按住鼠标左键不放，向上拖曳至"矩形14"动画效果选项后，当出现红色线段时，释放鼠标左键，如图8-12所示，即可将"组合5"动画效果选项移动到"矩形14"动画效果选项后面。

（9）使用相同的方法为其他幻灯片中的对象添加需要的动画效果，并对动画效果计时和播放顺序进行调整，如图8-13所示。

图8-12　调整动画播放顺序　　　　　　　　图8-13　设置其他幻灯片对象动画

（三）为目录页幻灯片添加触发动画

微课视频

为目录幻灯片添加
触发动画

触发动画是指通过单击某个对象，触发另一个对象或动画。在幻灯片中，触发对象可以是图片、图形、按钮、段落、文本框等。下面对目录页幻灯片中的内容添加触发动画，其具体操作如下。

（1）为第2张幻灯片中的对象添加"切入"进入动画，并设置动画的效果选项和播放时间。

（2）在"动画窗格"任务窗格中选择"组合2"动画效果选项，单击【动画】/【高级动画】组中的"触发"按钮，在弹出的下拉列表中选择"通过单击"选项，在弹出的子列表中选择"组合1"选项，如图8-14所示。

（3）使用相同的方法为"组合3"和"组合4"动画效果选项分别添加"组合2""组合3"触发器，如图8-15所示。

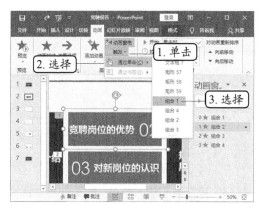

图8-14 选择触发器对象　　　　　　　图8-15 查看添加的触发器

（四）从头放映幻灯片预览效果

制作好演示文稿后，还需放映演示文稿中的幻灯片，以查看幻灯片中的动画衔接效果是否自然，幻灯片中的整体效果是否满意等，其具体操作如下。

微课视频

从头放映幻灯片预览效果

（1）单击【幻灯片放映】/【开始放映幻灯片】组中的"从头开始"按钮，如图8-16所示。

（2）开始放映幻灯片，并从第1张幻灯片的动画开始播放，第1张幻灯片放映结束后，单击鼠标右键，在弹出的快捷菜单中选择"下一张"命令，如图8-17所示。

（3）切换到第2张幻灯片进行放映，第2张幻灯片放映完成后，单击鼠标左键，切换到第3张幻灯片进行放映，动画效果放映完成后，单击鼠标右键，在弹出的快捷菜单中选择"指针选项"命令，在弹出的子菜单中选择"荧光笔"命令，如图8-18所示。

（4）再次在"指针选项"子菜单中选择"墨迹颜色"命令，在弹出的子菜单中选择"橙色"命令，如图8-19所示。

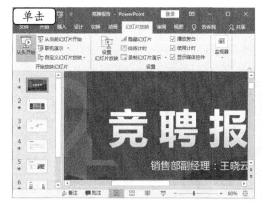

图8-16 单击"从头开始"按钮

图8-17 选择菜单命令

图8-18　选择指针选项　　　　　　　　　　图8-19　设置墨迹颜色

（5）此时，鼠标指针变成橙色的荧光笔形状，按住鼠标左键不放，拖曳荧光笔画圈或画线标注出重要的文本内容，如图8-20所示。

（6）标注完成后，在"指针选项"子菜单中单击选择"荧光笔"命令，使鼠标指针恢复到正常状态。

（7）继续放映其他幻灯片，放映完成后，按【Esc】键，打开提示对话框，提示"是否保留墨迹注释？"，单击 保留(K) 按钮进行保存，如图8-21所示。

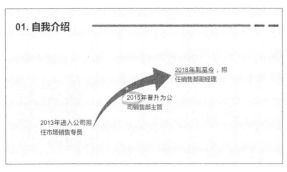

图8-20　标注重点内容

图8-21　保留墨迹

（五）将演示文稿导出为视频文件

微课视频

将演示文稿导出为
视频文件

为了便于在没有安装PowerPoint 2016的计算机上播放演示文稿，或上传到其他平台播放，可以将制作好的演示文稿导出为视频文件，其具体操作如下。

（1）单击"文件"菜单，在打开的界面左侧单击选择"导出"选项，在中间选择"创建视频"选项，在页面右侧设置创建视频的清晰度为"全高清(1080p)"，在"放映每张幻灯片的秒数"数值框中输入"08.00"，

单击"创建视频"按钮，如图8-22所示。

（2）打开"另存为"对话框，在地址栏中设置视频保存的位置，其他保持默认设置，单击 保存(S) 按钮，如图8-23所示。

（3）开始制作视频，并在PowerPoint 2016工作界面的状态栏中显示视频导出进度，导出完成后，使用视频播放器打开制作的视频，可预览演示文稿的视频效果，如图8-24所示。完成本任务的制作。

图8-22　导出视频设置

图8-23　保存视频　　　　　　　　　　　图8-24　查看导出的视频效果

任务二　放映并导出"宣传画册"演示文稿

宣传画册是提升企业形象和产品宣传的重要表现形式之一，由于宣传画册的画面精美，能对目标读者产生较强的吸引力，因此，宣传画册深受广大企业的喜爱。根据行业的不同，宣传画册的分类也比较多，在制作宣传画册时，一定要结合企业的规模、性质、产品特点等。制作好后，还需根据实际需求将宣传画册导出为指定的格式。

一、任务目标

本任务将设置"宣传画册"演示文稿的放映方式，并导出为PDF文件。本任务制作完成后的最终效果如图8-25所示。

图8-25　"宣传画册"演示文稿

素材所在位置　素材文件\项目八\宣传画册.pptx

效果所在位置　效果文件\项目八\宣传画册.pptx、宣传画册.pdf

二、相关知识

演示文稿制作好后，还需要根据放映场合设置放映类型，其方法是：单击【幻灯片放映】/【设置】组中的"设置幻灯片放映"按钮，打开"设置放映方式"对话框，在"放映类型"栏中提供了演讲者放映(全屏幕)、观众自行浏览(窗口)和在展台浏览(全屏幕)3种放映类型，用户可以根据需要进行选择，各放映类型如下。

- **演讲者放映(全屏幕)：** 是指以全屏形式放映幻灯片，且演讲者有完全控制权，如放映过程中切换幻灯片、设置动画效果、标注重点内容等。
- **观众自行浏览(窗口)：** 是指以窗口形式放映幻灯片，可以单击控制放映过程，但不能添加标注等。
- **在展台浏览(全屏幕)：** 是指以全屏幕形式自动循环放映幻灯片，不能单击进行切换，但可以通过单击超链接或动作按钮进行切换。

三、任务实施

（一）自定义放映演示文稿

微课视频

自定义放映演示文稿

在放映演示文稿时，有时只需要放映演示文稿中的某几张幻灯片，此时，就可以利用自定义幻灯片放映功能，其具体操作如下。

（1）打开"宣传画册.pptx"演示文稿，单击【幻灯片放映】/【开始放映幻灯片】组中的"自定义幻灯片放映"按钮，在弹出的下拉列表中选择"自定义放映"选项，如图8-26所示。

（2）打开"自定义放映"对话框，单击 新建(N) 按钮，打开"定义自定义放映"对话框，在"幻灯片放映名称"文本框中输入"美食"，在"在演示文稿中的幻灯片"列表框中选择要放映的幻灯片，单击 添加(A) 按钮，添加到右侧的"在自定义放映中的幻灯片"列表框中，单击 确定 按钮，如图8-27所示。

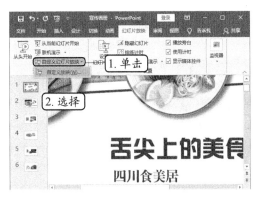

图8-26　选择"自定义放映"选项

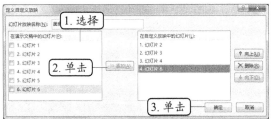

图8-27　指定要放映的幻灯片

（3）返回"自定义放映"对话框，选择幻灯片放映名称，单击 放映(S) 按钮，如图8-28所示，可直接进入幻灯片放映状态，并放映指定的幻灯片。

图8-28　放映指定的幻灯片

（二）设置排练计时

微课视频

设置排练计时

排练计时可以模拟演示文稿的放映过程，自动记录每张幻灯片的放映时间，从而在放映演示文稿时，根据排练记录的时间自动播放每张幻灯片，下面为演示文稿录制计时，其具体操作如下。

（1）单击【幻灯片放映】/【设置】组中的"排练计时"按钮，进入幻灯片放映状态，并打开"录制"窗格记录第1张幻灯片的播放时间，如图8-29所示。

（2）第1张幻灯片录制完成后，单击进入第2张幻灯片进行录制，如图8-30所示。

图8-29　录制第1张幻灯片

图8-30　录制第2张幻灯片

（3）使用相同的方法继续录制其他幻灯片，录制完最后一张幻灯片后按【Esc】键，打开提示对话框，在提示对话框中显示了录制的总时间，单击 是(Y) 按钮进行保存，如图8-31所示。

（4）返回幻灯片编辑区，单击【视图】/【演示文稿视图】组中的"幻灯片浏览"按钮 进入幻灯片浏览视图，每张幻灯片的下方将显示录制的时间，如图8-32所示。

图8-31　保存排练计时

图8-32　查看排练计时

多学一招　　　　　　　　　　　　**清除排练计时**

单击【幻灯片放映】/【设置】组中的"录制幻灯片演示"按钮 下方的下拉按钮 ，在弹出的下拉列表中选择"清除"选项，在弹出的子列表中选择"清除当前幻灯片中的计时"选项，将清除当前所选幻灯片的排练计时；选择"清除所有幻灯片中的计时"选项，将清除演示文稿中所有幻灯片的排练计时。

（三）联机放映演示文稿

下面通过联机演示功能，通过互联网将演示文稿演示给其他人观看，其具体操作如下。

（1）登录到PowerPoint 2016账户，单击【幻灯片放映】/【开始放映幻灯片】组中的"联机演示"按钮 ，如图8-33所示。

（2）打开"联机演示"对话框，选中"允许远程查看者下载此演示文稿"复选框，单击 连接(C) 按钮，如图8-34所示。

（3）在打开的对话框中将显示链接，单击"复制链接"超链接，复制链接地址，发送给需要观看演示文稿的人群，单击 开始演示(S) 按钮，如图8-35所示。

（4）进入幻灯片全屏放映状态，开始放映演示文稿，如图8-36所示。

微课视频

联机放映演示文稿

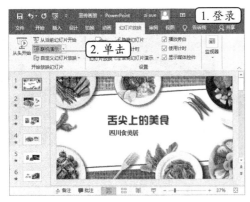

图8-33 执行联机演示操作

图8-34 同意联机演示

图8-35 复制链接地址

图8-36 放映演示文稿

（5）其他人员只需单击演示者发送的链接，即可查看放映的过程，如图8-37所示。

（6）放映结束后，按【Esc】键退出演示文稿放映状态，单击【联机演示】/【联机演示】组中的"结束联机演示"按钮，打开提示对话框，单击 结束联机演示(E) 按钮结束联机演示，如图8-38所示。

图8-37 访问者看到的放映界面

图8-38 结束联机演示

微课视频

将演示文稿导出为
PDF 方便共享

（四）将演示文稿导出为PDF方便共享

对于宣传画册，为了保护幻灯片中的内容不被篡改或复制，可以将其导出为PDF文件，其具体操作如下。

（1）单击"文件"菜单，在打开的界面左侧选择"导出"选项，在中间选择"创建PDF/XPS文档"选项，在右侧单击"创建PDF/XPS"按钮，如图8-39所示。

（2）打开"发布为PDF或XPS"对话框，在地址栏中选择保存的位置，其他保持默认设置，单击 选项(O)... 按钮，如图8-40所示。

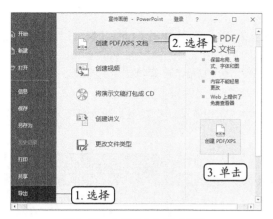

图8-39　执行发布为PDF操作

图8-40　设置保存选项

（3）打开"选项"对话框，在"发布选项"栏中选中"幻灯片加框"复选框，单击 确定 按钮，如图8-41所示。

（4）返回"发布为PDF或XPS"对话框，单击 发布(S) 按钮，开始导出文件，导出完成后，可通过PDF阅读器打开查看效果，如图8-42所示。完成本任务的制作。

图8-41　设置发布选项

图8-42　查看PDF文件效果

多学一招　　　　　　　　　　　**将演示文稿导出为图片文件**

　　　　单击"文件"菜单，在打开的界面左侧选择"导出"选项，在中间选择"更改文件类型"选项，在右侧的"图片文件类型"栏中选择图片格式，单击"另存为"按钮 ，打开"另存为"对话框，设置保存参数，单击 保存(S) 按钮，打开"Microsoft PowerPoint"对话框，设置要导出的幻灯片范围，在打开的提示对话框中单击 确定 按钮。

实训一　动态展示"新员工入职培训"演示文稿

【实训要求】

本实训将动态展示"新员工入职培训"演示文稿。为了让新员工尽快了解公司的整体情况，一般新员工进入公司后，都会对其进行培训，培训的内容包括企业文化、公司规章制度、工作技能等，而且培训时，为了提高新员工的兴趣，一般采用演示文稿与多媒体结合的形式。

【实训思路】

本实训主要为演示文稿中的幻灯片或幻灯片中的对象添加动画效果。动画参考效果如图8-43所示。

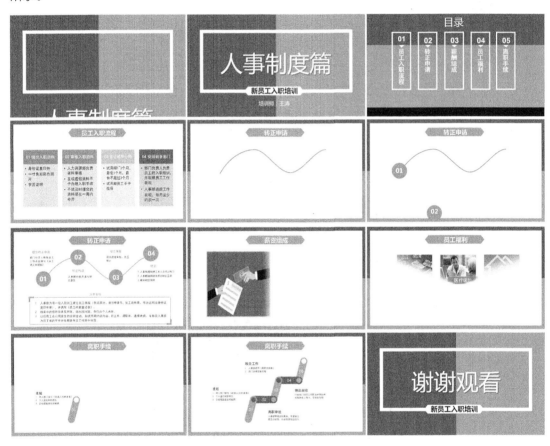

图8-43　"新员工入职培训"演示文稿

素材所在位置　素材文件\项目八\新员工入职培训.pptx

效果所在位置　效果文件\项目八\新员工入职培训.pptx

【步骤提示】

（1）为幻灯片添加需要的进入动画，并设置切换效果和计时。

（2）为幻灯片中的对象添加动画效果，并对动画的方向、变化顺序、计时等进行设置。

（3）从头开始预览演示文稿中的幻灯片，并放映演示文稿，查看其整体效果。

实训二　放映"企业盈利能力分析"演示文稿

【实训要求】

本实训要求放映"企业盈利能力分析"演示文稿。这类财务报告演示文稿包含的文字内容和数字较多，在放映过程中，需要注意放映节奏，如果放映节奏太快，则会影响观众的观看体验。

【实训思路】

本实训将首先为幻灯片添加切换动画，然后进行放映设置，接着放映演示文稿中的幻灯片，最后在放映过程中标注出幻灯片中的重点内容。完成效果如图8-44所示。

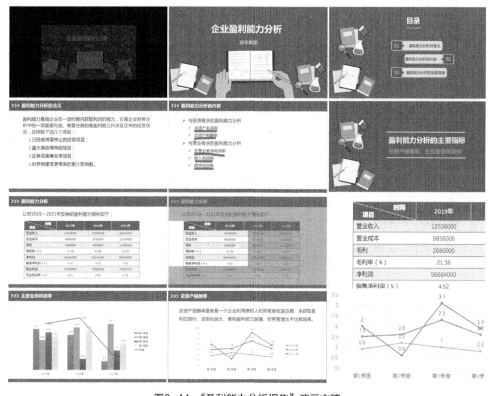

图8-44　"盈利能力分析报告"演示文稿

素材所在位置　素材文件\项目八\企业盈利能力分析.pptx

效果所在位置　效果文件\项目八\企业盈利能力分析.pptx

【步骤提示】

（1）打开演示文稿，为所有幻灯片添加"缩放"进入动画，并将换片方式设置为"单击鼠标时"。

（2）从第1张幻灯片开始放映，放映到第4张幻灯片时，为幻灯片中的重要内容添加标注。

（3）在放映第6~8张幻灯片时，可以使用"放大镜"放大幻灯片中的数据进行查看。

课后练习

（1）本练习将动态展示"管理培训"演示文稿，效果如图8-45所示。在为演示文稿添加动画效果时，首先为演示文稿中的所有幻灯片添加相同的切换效果，并设置切换效果和计时，然后为幻灯片中的对象添加动画效果，并设置动画效果方向、计时和播放顺序等。

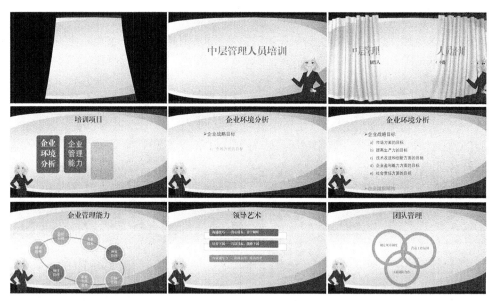

图8-45　"管理培训"演示文稿

素材所在位置　素材文件\项目八\管理培训.pptx
效果所在位置　效果文件\项目八\管理培训.pptx

（2）本练习将放映并导出"广告策划案"演示文稿，效果如图8-46所示。首先放映演示文稿，预览整体效果，然后将演示文稿导出为图片文件。

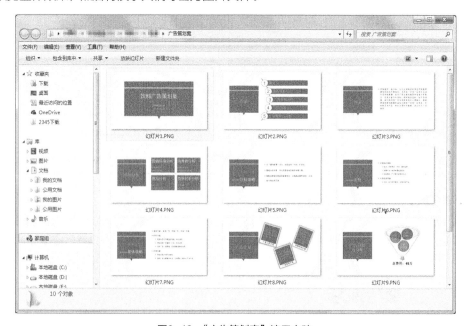

图8-46　"广告策划案"演示文稿

素材所在位置　素材文件\项目八\广告策划案.pptx

效果所在位置　效果文件\项目八\广告策划案

技能提升

1．使用动画刷复制动画效果

当需要为幻灯片中的其他对象或其他幻灯片中的对象应用设置好的动画效果时，可通过动画刷复制动画，使对象快速拥有相同的动画效果。其方法是：选择幻灯片中已设置好动画效果的对象，单击【动画】/【高级动画】组中的"动画刷"按钮 ，此时鼠标指针变成 形状，将鼠标指针移动到需要复制的动画效果的对象上，单击即可为对象应用复制的动画效果。

2．将字体嵌入演示文稿中

在制作幻灯片时，经常会用到网上下载的字体，如果在未安装这些字体的计算机中放映演示文稿，则计算机将会使用默认的字体代替演示文稿中用到的未安装的字体，从而影响幻灯片的展示效果。为了保证在其他未安装字体的计算机中也能正常播放，在打包或保存演示文稿时，可将字体嵌入其中。其方法是：在演示文稿中单击"文件"菜单，在打开的界面左侧选择"选项"选项，打开"PowerPoint 选项"对话框，在左侧单击"保存"选项卡，在右侧选中"将字体嵌入文件"复选框，单击 按钮。

3．隐藏幻灯片

对于演示文稿中不需要放映的幻灯片，可将其隐藏。其方法是：选择需要隐藏的幻灯片，单击【幻灯片放映】/【设置】组中的"隐藏幻灯片"按钮 ；需要显示时，再次单击"隐藏幻灯片"按钮 ，取消幻灯片隐藏。

4．用"显示"代替"放映"

一般情况下，放映计算机中保存的演示文稿时，首先需要打开演示文稿，再执行放映操作。其实，如果只是放映演示文稿，可以通过"显示"功能直接放映未打开的演示文稿。其方法是：在计算机中选择需要放映的演示文稿，在其上单击鼠标右键，在弹出的快捷菜单中选择"显示"命令，即可直接进入演示文稿的放映状态，并开始对幻灯片进行放映。

项目九

Office 移动办公与协同办公

情景导入

　　米拉制作"年终工作总结"演示文稿时，发现演示文稿中需要的内容与自己以前做过的不少Word文档中的内容基本相同，于是问老洪能不能直接将Word中的内容导入演示文稿中，老洪告诉米拉："能。在制作有些办公文件时，多种工具一起协作完成能快速提高工作效率，并且能保证文档内容的准确性。"于是米拉开始了Office移动办公与协同办公的学习。

学习目标

- 掌握制作"会议纪要"文档的方法。
  如使用Microsoft Word App、分享文档等。
- 掌握制作"年终工作总结"演示文稿的方法。
  如插入Word内容到幻灯片、插入Excel表格和图表等。
- 掌握用Visio绘制"员工培训流程图"文档的方法。
  如绘制流程、编辑流程图、美化流程图等。
- 掌握用MindManager制作"商业计划书"思维导图的方法。
  如创建思维导图、编辑思维导图、美化思维导图等。

素养目标

　　树立正确的价值观，全面提升职业素养和综合能力。

案例展示

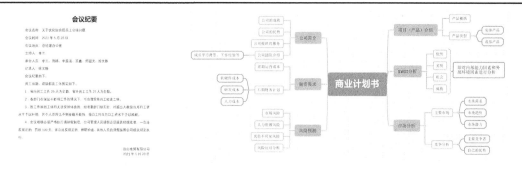

▲ "会议纪要"文档　　　　　　　　▲ "商业计划书"思维导图

任务一　制作"会议纪要"文档

会议纪要是记载和传达会议情况和议定事项时使用的一种法定公文，包括会议的主要精神、基本情况、中心内容等，便于向上级汇报或向有关人员传达。它与会议记录不同，会议记录只是一种客观的纪实材料，记录每个人的发言，而会议纪要则集中、综合地反映会议的主要议定事项，要求概括准确、层次分明、语言简练。

一、任务目标

本任务将制作"会议纪要"文档，主要通过手机与计算机协同操作完成。本任务制作完成后的效果如图9-1所示。

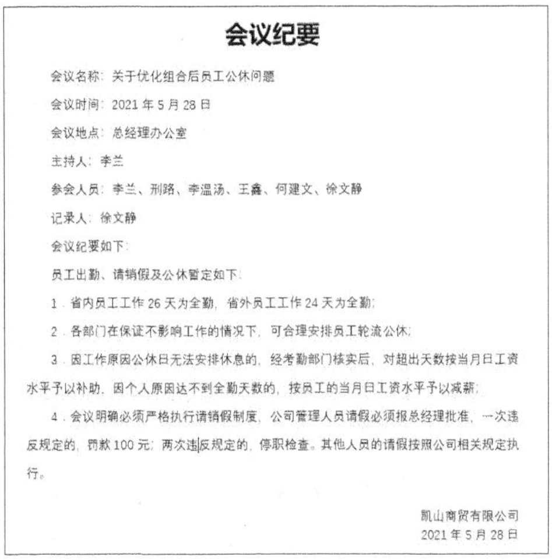

会议纪要

会议名称：关于优化组合后员工公休问题

会议时间：2021 年 5 月 28 日

会议地点：总经理办公室

主持人：李兰

参会人员：李兰、刑路、李温汤、王鑫、何建文、徐文静

记录人：徐文静

会议纪要如下：

员工出勤、请销假及公休暂定如下：

1．省内员工工作 26 天为全勤，省外员工工作 24 天为全勤；

2．各部门在保证不影响工作的情况下，可合理安排员工轮流公休；

3．因工作原因公休因无法安排休息的，经考勤部门核实后，对超出天数按当月日工资水平予以补助，因个人原因达不到全勤天数的，按员工的当月日工资水平予以减薪；

4．会议明确必须严格执行请销假制度，公司管理人员请假必须报总经理批准，一次违反规定的，罚款 100 元；两次违反规定的，停职检查。其他人员的请假按照公司相关规定执行。

凯山商贸有限公司
2021 年 5 月 28 日

图9-1　"会议纪要"文档

素材所在位置　素材文件\项目九\会议纪要.txt

效果所在位置　效果文件\项目九\会议纪要.docx

二、相关知识

移动办公可以不受时间和地域的限制，随时随地进行办公，因此，移动办公已成为当下比较流行的办公方式。市面上有很多能满足各种工作需求的移动办公软件，可以直接在手机中下载使用，下面对Office相关的App和OneDrive云存储进行介绍。

（一）认识Office相关App

手机上提供的Office相关的App有Microsoft Word、Microsoft Excel和Microsoft PowerPoint，这几个App专为手机设计，可以分别用于制作、查看和编辑Word文档、Excel表格、PPT演示文稿等，这3款App的作用如下。

- **Microsoft Word：** 该App是Office办公软件Word应用，通过手触摸手机屏幕来实现操作，它提供开始、插入、绘图、布局、审阅和视图等选项卡，可以对文档内容的格式进行设置，可以在文档中插入图片、形状、表格、文本框、公式、脚注、尾注、批注等内容，也可以设置文档页面布局，以及对文档内容进行检查和修订等。图9-2所示为Microsoft Word App工作界面。

- **Microsoft Excel：** 该App是Office办公软件Excel应用，使用它可以快速、轻松地创建、查看、编辑和共享文件等，同时具备使用公式计算和使用图表分析数据的能力。图9-3所示为Microsoft Excel App工作界面。
- **Microsoft PowerPoint：** 该App是Office办公软件PowerPoint应用，通过它可以在手机上编辑演示文稿，添加墨迹批注，查看演讲者备注，甚至在手机上原样放映切换和动画效果，还可以随时更改页面布局和主题风格。图9-4所示为Microsoft PowerPoint App工作界面。

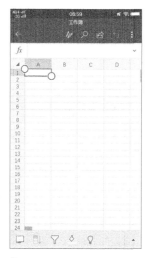

图9-2　Word App工作界面　　图9-3　Excel App工作界面　　图9-4　PowerPoint App工作界面

知识提示　　Office Mobile for Office 365

　　Office Mobile for Office 365是集Word、Excel、PowerPoint于一身的手机端办公软件，支持随时随地访问、查看和编辑Word、Excel、PPT文档，它对文件的操作方法与在Microsoft Word App、Microsoft Excel App和Microsoft PowerPoint App中的操作方法基本相同。

（二）OneDrive在办公中的作用

　　OneDrive是一个云存储服务，用于在线存储图片、文档等，与他人共享，并且从任意计算机、平板电脑或手机都可访问。特别是OneDrive与Office办公软件结合，可以在线创建、编辑和共享文档，而且可以和本地的文档编辑进行任意切换，甚至还可以与他人共同编辑和制作同一个文档。另外，在线编辑的文件是实时保存的，可以避免本地编辑时宕机造成的文件内容丢失，提高了文件内容的安全性。因此，OneDrive在日常办公中使用比较多，但要使用OneDrive，必须先登录Microsoft账户，才能进行保存、查看和编辑等操作。

三、任务实施

微课视频

通过 Word App 制作文档

（一）通过Word App制作文档

　　下面通过手机上安装的Microsoft Word App制作内容，并简单设置文档格式，其具体操作如下。

　　（1）在安卓手机上下载并安装"Microsoft Word" App，安装完成后，点击图标，如图9-5所示。

　　（2）启动App程序，在打开的界面中点击"新建"按钮，如图9-6

所示。

（3）在打开的"新建"界面中点击"空白文档"选项，如图9-7所示。

图9-5　点击App图标　　　　图9-6　执行新建操作　　　　图9-7　点击"空白文档"选项

多学一招　　　　　　　　**根据模板新建文档**

在"新建"界面中向上滑动，可显示界面下方Microsoft Word提供的带内容的模板，点击需要的模板，即可根据当前选择的模板创建Word文档。

（4）新建一个空白文档，在光标处开始输入"会议纪要.txt"文件中的内容，输入完成后，拖动蓝色水滴形状标识符，选择"会议纪要"文本，点击手机键盘上方的 ▲ 按钮，如图9-8所示。

（5）隐藏键盘，显示"开始"选项卡相关功能，点击"等线"选项，如图9-9所示。

（6）显示出"字体"下拉列表，下拉列表中显示了手机中现有的字体，点击"微软雅黑"选项，如图9-10所示。

图9-8　选择文本　　　　　图9-9　点击"等线"选项　　　　图9-10　选择需要的字体

（7）将字号设置为"20"，点击"加粗"按钮**B**加粗文本，如图9-11所示。

（8）向上滑动界面，显示下方的对齐方式按钮，点击"居中"按钮，使选择的文本居中对齐，如图9-12所示。

（9）移动两个水滴标识符的位置，选择文档最后两行文本，点击"右对齐"按钮，使选择的文本基于页面右侧对齐，如图9-13所示。

图9-11　设置字体格式

图9-12　设置居中对齐

图9-13　设置右对齐

（10）选择除标题和落款外的所有段落，向上滑动界面，点击"段落格式"选项，如图9-14所示。

（11）在"段落"中点击"特殊缩进"选项，在"特殊缩进"中点击"首行"选项，如图9-15所示。

（12）在"行距"下拉列表中点击"1.5"选项，设置所选段落的行距，如图9-16所示。

图9-14　选择段落

图9-15　设置特殊缩进

图9-16　设置行距

（二）保存文档到OneDrive

下面将制作好的文档保存到OneDrive，便于使用其他设备查看或共享给他人，其具体操作如下。

（1）关闭手机键盘，点击文档上方的 ⫶ 按钮，在弹出的菜单中选择"另存为"选项，如图9-17所示。

（2）打开"另存为"界面，在下方的文本框中输入文件名称"会议纪要"，点击"OneDrive"选项，如图9-18所示。

（3）打开"登录"界面，点击"登录"选项，如图9-19所示。

微课视频

保存文档到
OneDrive

图9-17 执行另存为操作

图9-18 保存设置

图9-19 登录界面

（4）在打开的界面中输入Microsoft账户，点击 下一步 按钮，如图9-20所示。

（5）在打开的界面中的"输入密码"文本框中输入Microsoft账户对应的密码，点击 登录 按钮，如图9-21所示。

（6）登录成功后，返回"另存为"界面，点击"OneDrive-个人版"选项，如图9-22所示。

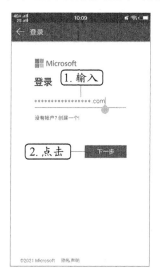

图9-20 输入账户名称

图9-21 输入账户密码

图9-22 选择保存位置

（7）在打开的界面中点击"文档"选项，选择文档的保存位置，点击 保存 按钮，如图9-23所示。

（8）开始保存文档，并显示"正在保存"，如图9-24所示。

（9）保存完成后，文档界面的标题将变成保存的标题，如图9-25所示。

| 图9-23 执行保存 | 图9-24 正在保存 | 图9-25 查看保存效果 |

（三）在计算机上查看文档

微课视频
在计算机上查看文档

保存到OneDrive中的文档在计算机中也可以打开查看、编辑等，其具体操作如下。

（1）在计算机中启动Word程序，在打开的界面标题栏中单击"账户"超链接，登录Microsoft账户，在界面左侧选择"打开"选项，在中间选择"OneDrive-个人"选项，在右侧显示OneDrive中的文件夹，选择"文档"选项，如图9-26所示。

（2）展开文件夹，选择"会议纪要"选项，如图9-27所示。

| 图9-26 选择文档所在的文件夹 | 图9-27 选择需要打开的文档 |

（3）打开文档，并在窗口状态栏中显示文件所保存的位置、文件名称等，如图9-28所示。

（4）打开后，在文档编辑区中可查看文档的效果，也可以编辑文档，如图9-29所示。

图9-28　正在打开文档

图9-29　查看文档

（四）将文档分享给相关人员

保存到OneDrive中的文档可以直接分享给相关人员查看或编辑，其具体操作如下。

（1）单击"文件"选项卡，在打开的界面左侧选择"共享"选项，在中间选择"与人共享"选项，在界面右侧单击"与人共享"按钮，如图9-30所示。

（2）打开"共享"任务窗格，单击"在通讯簿中搜索联系人"按钮，打开"通讯簿：全局地址列表"对话框，在其中单击 新建联系人(W) 按钮，打开属性对话框，输入联系人的姓名和电子邮箱地址，单击 添加(A) 按钮，如图9-31所示。

> 微课视频
>
> 将文档分享给相关人员

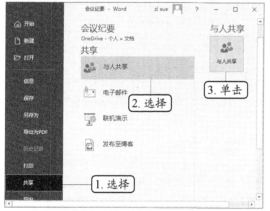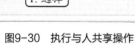

图9-30　执行与人共享操作

图9-31　添加收件人

（3）使用相同的方法继续添加其他收件人，添加完成后单击 确定 按钮，如图9-32所示。

（4）返回"通讯簿:全局地址列表"对话框，在左侧的列表框中选择需要共享的人，单击 收件人(O)-> 按钮，将其添加到"邮件收件人"列表框中，单击 确定 按钮，如图9-33所示。

（5）返回文档编辑区，打开"共享"任务窗格，在"邀请人员"文本框中将显示收件人邮箱地址，在"可编辑"下拉列表框中选择共享权限，这里选择"可查看"选项，单击 共享 按钮，如图9-34所示。

（6）文档将以邮件的形式共享出去，并在"共享"任务窗格下方显示共享人以及共享权限，如图9-35所示。完成本任务的制作。

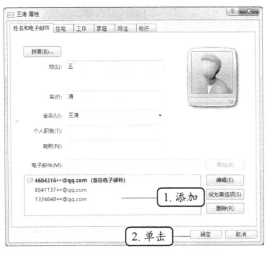

图9-32　添加其他收件人

图9-33　设置邮件收件人

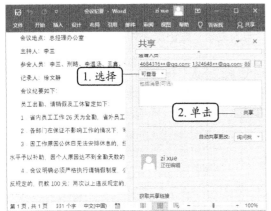

图9-34　共享设置

图9-35　查看文档访问人

任务二　制作"年终工作总结"演示文稿

　　年终工作总结是对过去一年的工作情况进行深入的回顾、检查，并找出工作中的优点与缺点、经验与教训的总结报告，要求实事求是地对过去做出正确的评价，以及对未来做出可执行的计划等。年终工作总结的具体内容可以根据要求和实际情况来选择。

一、任务目标

　　本任务将制作"年终工作总结"演示文稿，主要用到PowerPoint与Office办公套件中Word、Excel的协同办公等知识。本任务制作完成后的最终效果如图9-36所示。

素材所在位置　　素材文件\项目九\年终工作总结.docx、产品销量表.xlsx

效果所在位置　　效果文件\项目九\年终工作总结.pptx

图9-36 "年终工作总结"演示文稿

二、相关知识

Word、Excel和PowerPoint都是Office办公套件中的组件，它们之间有很多共性，在制作文档的过程中，合理利用组件之间的共性协同办公，可以提高办公效率。下面对PowerPoint与Word、Excel这两个组件之间的协同进行介绍。

（一）PowerPoint与Word之间的协同

当需要将制作好的Word文档中的内容分配到PowerPoint中制作成演示文稿时，需要PowerPoint与Word进行协同办公，以避免重复输入，从而提高工作效率。在PowerPoint中可以通过插入对象、幻灯片(从大纲)和复制粘贴到大纲视图3种方法将Word文档中的内容插入演示文稿中，分别介绍如下。

- **插入对象：**在演示文稿中单击【插入】/【文本】组中的"对象"按钮，打开"插入对象"对话框，选中"由文件创建"单选按钮，单击 浏览(B)... 按钮，打开"浏览"对话框，在其中选择需要插入的Word文件，单击 打开(O) 按钮，返回"插入对象"对话框，在"文件"文本框中将显示文件保存地址，单击 确定 按钮，将Word文档插入当前选择的幻灯片中，Word文档中的所有内容都将显示在一张幻灯片的一个占位符中，双击该占位符，打开Word文档窗口，可对文档内容进行编辑，如图9-37所示。

图9-37 在演示文稿中插入Word对象

- **幻灯片(从大纲)：** 单击【开始】/【幻灯片】组中的"新建幻灯片"按钮 下方的下拉按钮 ，在弹出的下拉列表中选择"幻灯片(从大纲)"选项，打开"插入大纲"对话框，选择需要插入的Word文件，单击 打开(O) 按钮，即可按照Word文档中各段落的级别将文档内容自动分配到演示文稿的各张幻灯片中。
- **复制粘贴到大纲视图：** 打开Word文档，复制Word文档中的部分内容或全部内容，切换到PowerPoint窗口，单击【视图】/【演示文稿视图】组中的"大纲视图"按钮 ，进入大纲视图，按【Ctrl+V】组合键粘贴复制的内容，复制的内容将全部显示在幻灯片的一个占位符中。将光标定位到需要分到下一张幻灯片内容的前面，按【Enter】键新建一张幻灯片，并自动将光标所在位置后面的所有内容分配到下一张幻灯片中。按【Tab】键可将段落的级别下降一级，并自动将内容分配到幻灯片的内容页占位符中，但不会移动到下一张幻灯片。继续使用相同的方法将内容分配到相应的幻灯片，如图9-38所示。

图9-38　复制Word内容粘贴到大纲视图并组织演示文稿结构

（二）PowerPoint与Excel之间的协同

在制作销售、总结、计划等类型的演示文稿时，经常会用到表格或图表，如果需要的表格或图表已在Excel中制作好，那么可通过插入对象、复制粘贴等方法将表格或图表插入PowerPoint中直接使用，方法如下。

- **插入对象：** 在演示文稿中单击【插入】/【文本】组中的"对象"按钮 ，打开"插入对象"对话框，选中"由文件创建"单选按钮，单击 浏览(B) 按钮，打开"浏览"对话框，在其中选择需要插入的表格或图表所在的Excel文件，单击 打开(O) 按钮，返回"插入对象"对话框，单击 确定 按钮，Excel文件中包含的表格和图表都将插入当前所选的幻灯片中。
- **复制粘贴：** 打开Excel工作簿，复制需要插入的表格或图表，切换到PowerPoint窗口中，选择需要插入表格或图表的幻灯片，按【Ctrl+V】组合键粘贴即可。

三、任务实施

（一）将Word内容插入演示文稿

微课视频

将 Word 内容插入
演示文稿

下面使用"幻灯片(从大纲)"功能将Word文档中的内容插入演示文稿中，并自动将内容分配到相应的幻灯片中，其具体操作如下。

（1）新建"年终工作总结"空白演示文稿，单击【开始】/【幻灯片】组中的"新建幻灯片"按钮 下方的下拉按钮 ，在弹出的下拉列表中选择"幻灯片(从大纲)"选项，如图9-39所示。

（2）打开"插入大纲"对话框，在地址栏中选择Word文件保存的位置，选择"年终工作总结.docx"文件，单击 插入(S) 按钮，如图9-40所示。

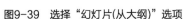

图9-39　选择"幻灯片(从大纲)"选项　　　　图9-40　插入大纲文件

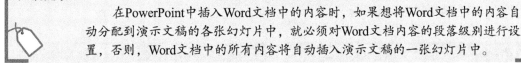

知识提示　　　　**自动分配 Word 中的内容到幻灯片**

在PowerPoint中插入Word文档中的内容时，如果想将Word文档中的内容自动分配到演示文稿的各张幻灯片中，就必须对Word文档内容的段落级别进行设置，否则，Word文档中的所有内容将自动插入演示文稿的一张幻灯片中。

（3）根据Word文档中的内容创建演示文稿的幻灯片，并自动将文档内容分配到相应的幻灯片中，如图9-41所示。

（4）编辑标题页幻灯片、目录页幻灯片和结束页幻灯片，并为演示文稿应用相应的主题，效果如图9-42所示。

图9-41　自动分配Word文档内容　　　　图9-42　演示文稿效果

（二）导入Excel中的表格和图表

下面通过复制粘贴的方法将Excel中的表格和图表插入演示文稿的第4张和第5张幻灯片中，其具体操作如下。

（1）打开"产品销量表.xlsx"工作簿，拖曳鼠标选择表格区域，单击【开始】/【剪贴板】组中的"复制"按钮，复制选择的表格区域，如图9-43所示。

（2）切换到"年终工作总结"演示文稿，选择第4张幻灯片，删除内容占位符，单击"剪贴板"组中的"粘贴"按钮下方的下拉按钮，在弹出的下拉列表中选择"保留源格式"选项，如图9-44所示。

（3）选择粘贴的表格，调整其大小和位置，然后设置表格中文本的字体格式。

（4）选择"产品销量表.xlsx"工作簿中的图表，按【Ctrl+C】组合键复制，如图9-45所示。

微课视频

导入 Excel 中的表格和图表

（5）切换到"年终工作总结"演示文稿，选择第5张幻灯片，删除内容占位符，按【Ctrl+V】组合键粘贴，并对图表进行相应的设置，如图9-46所示。

图9-43　复制表格区域

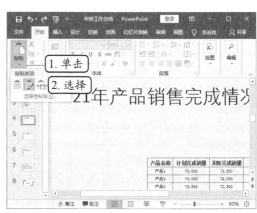

图9-44　粘贴表格

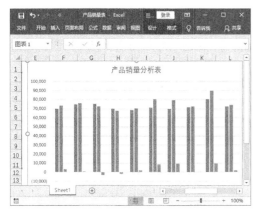

图9-45　复制图表

图9-46　粘贴并设置图表

多学一招　在幻灯片中嵌入Excel表格

复制Excel工作簿中的表格，切换到PowerPoint窗口中，选择需要插入表格的幻灯片，单击"剪贴板"组中的"粘贴"按钮下方的下拉按钮，在弹出的下拉列表中选择"嵌入"选项，即可将复制的表格嵌入幻灯片中。双击表格区域，打开Excel编辑窗口，可在Excel中对幻灯片中的表格进行编辑操作。

（三）将演示文稿通过链接共享给他人

微课视频

将演示文稿通过链接
共享给他人

下面将演示文稿通过微信链接共享给他人，其具体操作如下。

（1）登录Microsoft账户，单击"文件"菜单，在打开的界面左侧选择"共享"选项，在右侧单击"与人共享"按钮，如图9-47所示。

（2）打开"共享"任务窗格，单击"获取共享链接"超链接，如图9-48所示。

（3）在打开的任务窗格中单击 创建编辑链接 按钮，如图9-49所示。

（4）显示编辑链接，单击 复制 按钮复制链接，如图9-50所示。

图9-47 执行与人共享操作

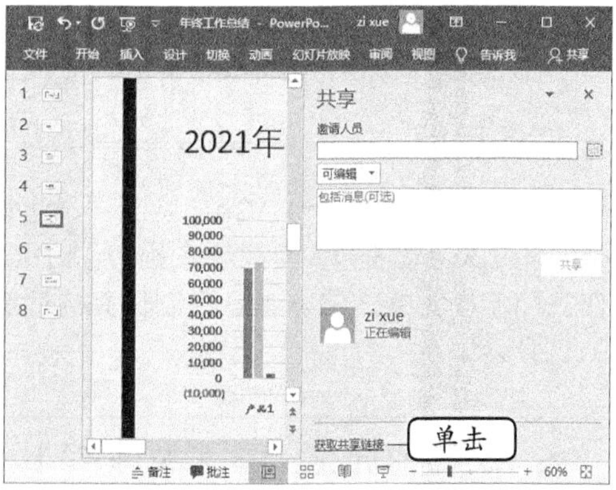

图9-48 单击超链接

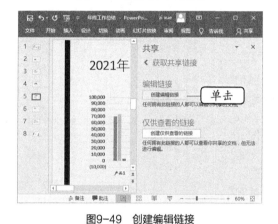

图9-49 创建编辑链接

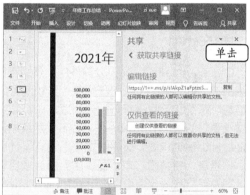

图9-50 复制链接

（5）在计算机中登录微信，打开与共享人的对话窗口，在下方文字编辑区按【Ctrl+V】组合键粘贴复制的链接，单击 发送(S) 按钮发送给对方，如图9-51所示，对方可以打开链接查看和编辑演示文稿。完成本任务的制作。

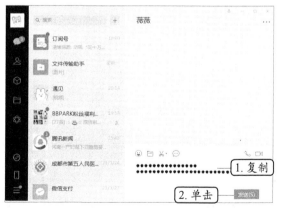

图9-51 通过微信发送共享链接

任务三　用Visio绘制"员工培训流程图"

培训企业员工时，需要先提出培训需求，然后确认、分析需求，再确定是否培训等，是多个部门协作完成的事情。员工流程图就是将企业培训管理的整个流程通过形状串联起来的一种图，能够可视化培训的整个流程，这样既方便企业员工查看，也方便理解。

一、任务目标

本任务将使用Office Visio绘制"员工培训流程图"。通过学习本任务，读者可掌握使用Office Visio制作各种流程图的方法。本任务制作完成后的效果如图9-52所示。

 效果所在位置 效果文件\项目九\员工培训流程图.vsdx、员工培训流程图.docx

二、相关知识

Office Visio是Office办公软件中负责绘制流程图和示意图的软件，有助于帮助IT行业人员和商务人员对复杂信息、系统和流程进行可视化处理、分析和交流，以便做出更好的决策。Office Visio不仅能绘制流程图，还能绘制组织结构图、灵感触发图、建筑设计图、网络图、日程表、甘特图、审计图、因果图、项目管理图、统计图表等，图9-53所示为使用Office Visio软件绘制的家庭网络图。

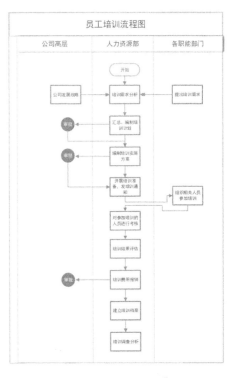

图9-52 "员工培训流程图"效果

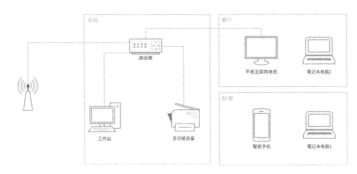

图9-53 家庭网络图

三、任务实施

（一）绘制流程图

下面根据模板新建文件，然后绘制"员工培训流程图"，其具体操作如下。

（1）启动Office Visio，在打开的界面左侧选择"新建"选项，在右侧选择"基本流程图"选项，如图9-54所示。

（2）在打开的对话框中将显示基本流程图的版式，选择"基本流程图"选项，单击"创建"按钮，如图9-55所示。

微课视频

绘制流程图

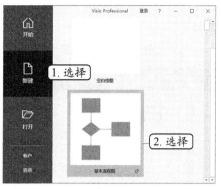

图9-54　选择流程图模板

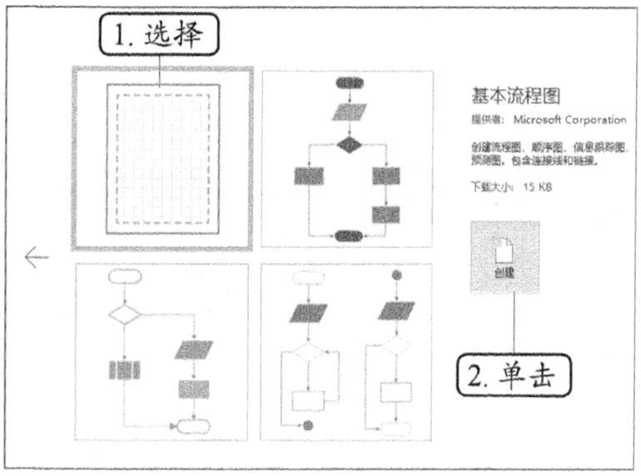

图9-55　创建基本流程图

（3）新建流程图文档，将其保存为"员工培训流程图"，选择"形状"任务窗格中的"跨职能流程图形状"选项，将显示相应的泳道和分隔符，选择"泳道(垂直)"选项，按住鼠标左键不放将其拖曳到文档编辑区中，如图9-56所示。

（4）释放鼠标左键，泳道将添加到文档编辑区中，继续添加两个垂直泳道，将"标题"更改为"员工培训流程图"，将"功能"更改为"公司高层""人力资源部"和"各职能部门"，如图9-57所示。

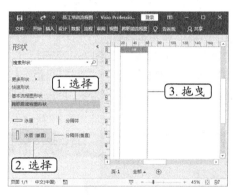

图9-56　添加垂直泳道

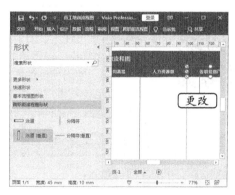

图9-57　更改文本内容

（5）选择"基本流程图形状"选项，选择"开始/结束"形状，将其拖曳到"人力资源部"泳道中，如图9-58所示。

（6）选择"开始/结束"形状，将鼠标指针移动到形状下方，当出现 ▽ 图标时，在出现的面板中选择"流程"形状，添加到所选形状下方，并使用箭头连接起来，如图9-59所示。

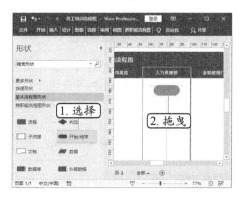

图9-58　添加基本流程图形状

图9-59　在形状下方添加形状

（7）在形状中输入"培训需求分析"文本，选择该形状，将鼠标指针移动到形状左侧，在出现的面板中选择"流程"形状添加到左侧，如图9-60所示。

（8）使用相同的方法继续添加流程图的其他形状，完成流程图的制作，如图9-61所示。

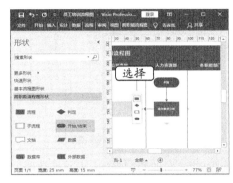

图9-60　在左侧添加形状

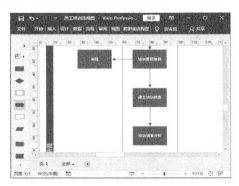

图9-61　完成流程图的制作

（二）编辑流程图

对于制作的流程图，还可以编辑流程图中形状的位置、大小、箭头样式、形状等，使制作的流程图更能满足需要，其具体操作如下。

（1）按住【Ctrl】键单击选择流程图第2排的3个形状，按住鼠标左键不放向上拖曳，缩短第1排与第2排之间的间距，如图9-62所示。

（2）使用相同的方法缩短流程图中其他排形状之间的间距，将鼠标指针移动到流程图底端的边框线上，按住鼠标左键不放向上拖曳，调整边框位置，如图9-63所示。

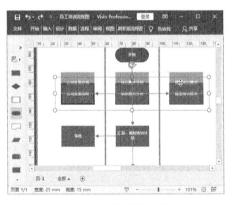

图9-62　调整形状位置

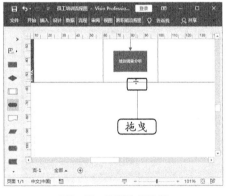

图9-63　调整边框位置

（3）选择流程图左下角的"阶段"文本，按【Delete】键删除，然后选择"公司发展战略"形状右侧的箭头，单击【开始】/【排列】组中的"位置"按钮，在弹出的下拉列表中选择"方向形状"栏中的"旋转形状"选项，在弹出的子列表中选择"水平翻转"选项，使连接箭头指向"培训需求分析"形状，如图9-64所示。

（4）使用相同的方法设置其他箭头的方向，然后单击【开始】/【工具】组中的"连接符"按钮，在"审批"形状下方拖曳绘制连接箭头，如图9-65所示。

（5）选择绘制的连接箭头，将鼠标指针移动到箭头一端，按住鼠标左键不放向右拖曳，使连接箭头连接到"编制培训实施方案"形状，如图9-66所示。

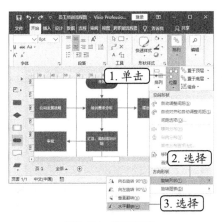

图9-64　旋转形状

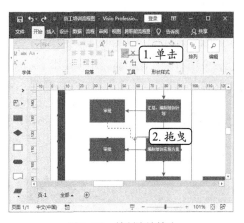

图9-65　绘制连接箭头

（6）使用相同的方法绘制其他连接符，绘制完成后，单击"工具"组中的"鼠标指针"按钮🖑，使鼠标指针恢复默认的形状。

（7）选择流程图中的3个"审批"形状，单击【开始】/【编辑】组中的"更改形状"按钮⬚，在弹出的下拉列表中选择"圆"选项，将形状更改为圆形，如图9-67所示。

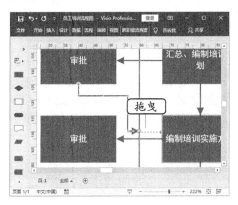

图9-66　调整连接符长短

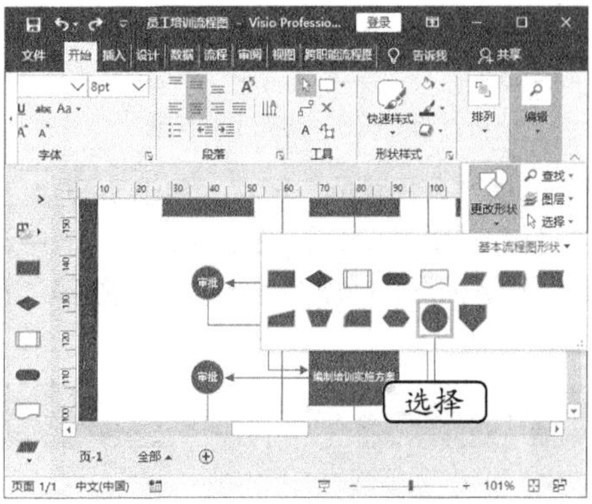

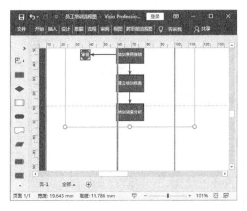

图9-67　更改形状

（8）拖曳选择流程图中的所有形状，将鼠标指针移动到右下角的圆形控制点上，按住鼠标左键不放向右上角拖曳，调整流程图的高度，如图9-68所示。

（9）将各泳道对应的形状拖曳调整到相应的泳道内，如图9-69所示。

图9-68　调整形状高度

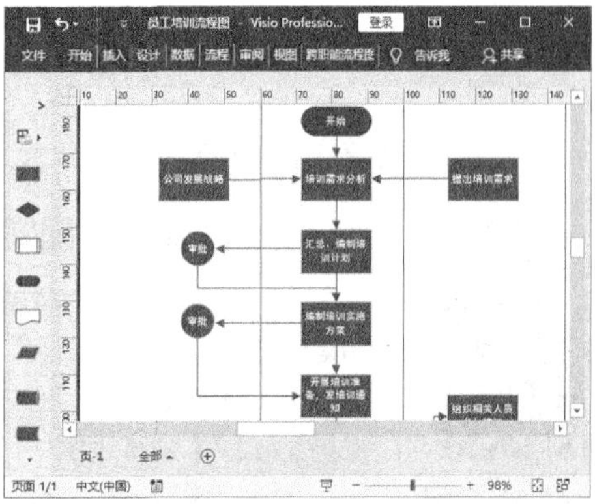

图9-69　调整形状位置

（三）美化流程图

为了使流程图更加美观，可以通过应用主题、形状样式等来美化流程图，其具体操作如下。

（1）选择流程图，在【设计】/【主题】组中的列表框中选择"专业型"栏中的第9种主题样式应用于流程图，如图9-70所示。

（2）选择所有泳道，单击【开始】/【形状样式】组中的"线条"按钮，在弹出的下拉列表中选择"粗细"选项，在弹出的子列表中选择"1/4 pt"选项，如图9-71所示。

图9-70　选择主题样式

图9-71　设置线条粗细

（3）选择"公司高层"形状，单击【开始】/【形状样式】组中的"效果"按钮，在弹出的下拉列表中选择"阴影"选项，在弹出的子列表中选择阴影效果"偏移：右"选项，如图9-72所示。

（4）使用相同的方法为"人力资源部"和"各职能部门"形状应用相同的阴影效果，如图9-73所示。

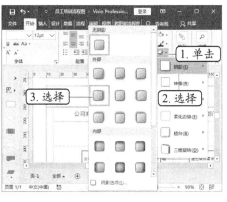

图9-72　添加阴影效果

图9-73　查看流程图效果

（四）将流程图插入Word文档中

下面通过插入对象的方法将制作好的流程图插入Word文档中，其具体操作如下。

（1）在Word 2016中新建一个"员工培训流程图"空白文档，单击【插入】/【文本】组中的"对象"按钮，如图9-74所示。

（2）打开"对象"对话框，单击"由文件创建"选项卡，再单击浏览(B)...按钮，如图9-75所示。

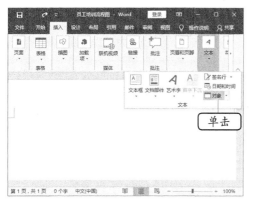

图9-74　单击"对象"按钮

图9-75　由文件创建

（3）打开"浏览"对话框，在地址栏选择文件保存的位置，选择"员工培训流程图.vsdx"文件，单击 插入(S) 按钮，如图9-76所示。

（4）返回"对象"对话框，单击 确定 按钮，即可将流程图插入Word文档中，且流程图保持原格式不变，如图9-77所示，完成本任务的制作。

图9-76　选择插入的对象

图9-77　查看流程图效果

任务四　用MindManager制作"商业计划书"思维导图

商业计划书是公司或企业为了实现招商引资，按照一定内容和形式要求制作的一份全面展示公司和项目目前情况、未来发展趋势的文档或PPT。要想制作的商业计划书内容全面并有吸引力，就需要在制作之前先厘清思路，并将思路整理成思维导图，这样在制作过程中思路就非常清晰，且不会遗漏内容。

一、任务目标

本任务将使用MindManager软件来制作"商业计划书"思维导图。通过学习本任务，读者可以灵活使用MindManager软件来制作各种思维导图。本任务制作完成后的思维导图效果如图9-78所示。

效果所在位置　效果文件\项目九\商业计划书.pptx、商业计划书.mmap

图9-78 "商业计划书"思维导图

二、相关知识

在日常工作中，经常需要通过思维导图来帮助提升思维扩展能力，让复杂的问题变得简单，常用在项目的计划、组织、会议、总结、方案、项目管理等方面。市面上提供的思维导图制作软件非常多，常用的有MindManager、MindMaster和XMind，分别介绍如下。

- **MindManager:** MindManager是一个可创建、管理和交流思想的思维导图软件，其界面直观简洁，提供多种类型的思维导图和专业的思维导图模板，与其他同类思维导图软件相比，其最大的优势是能同Microsoft Office无缝集成，快速将数据导入或导出到Word、PowerPoint、Excel、Outlook、Project和Visio中。
- **MindMaster:** MindMaster是一款基于云的跨终端思维导图软件，可以实现手机、平板、计算机等多平台操作，并且提供了丰富的模板、布局、样式、主题及颜色等，另外，MindMaster的绘图功能非常强大，能制作出漂亮又极具个人风格的思维导图。
- **XMind:** XMind是一款易用性很强的思维导图软件，它绘制的思维导图、鱼骨图、二维图、树状图、逻辑图、组织结构图等能以结构化的方式展示具体的内容，能帮助我们快速厘清思路，另外，XMind提供了精美配色方案，能构筑百变的主题风格美化思维导图。

知识提示　　　　　　　　　**将语言设置为简体中文**

安装启动MindManager程序后，其界面中的选项、按钮、选项卡等全部显示为英文，此时需要单击"File"选项卡，在打开的界面左侧选择"Options"选项，在打开的对话框中选择"General"选项，在右侧的"Language"下拉列表框中选择"简体中文"，单击 OK 按钮，退出程序重启MindManager即可。

三、任务实施

微课视频

根据模板新建思维导图文档

（一）根据模板新建思维导图文档

下面根据MindManager软件提供的空白模板创建思维导图文档，并将其保存为"商业计划书"，其具体操作如下。

（1）启动MindManager程序，在打开"新建"界面中选择模板"辐射状导图"选项，如图9-79所示。

（2）打开"模板预览"对话框，预览思维导图模板效果，单击"创建导图"按钮，如图9-80所示。

图9-79 选择空白模板

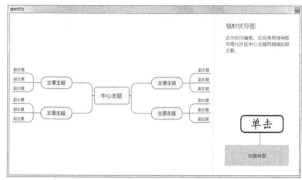

图9-80 预览思维导图

（3）新建"导图1"文档，单击"快速访问工具栏"中的"保存"按钮，如图9-81所示。

（4）打开"另存为"对话框，在地址栏中设置保存位置，在"文件名"下拉列表框中输入"商业计划书"，单击 保存(S) 按钮保存思维导图文档，如图9-82所示。

图9-81 执行保存操作

图9-82 设置保存参数

（二）添加思维导图主题

微课视频

添加思维导图主题

模板创建的思维导图只有一个"中心主题"，此时，还需要根据思维导图的内容来创建其他主题，其具体操作如下。

（1）在"中心主题"中输入"商业计划书"文本，单击【主页】/【添加主题】组中的"新副标题"按钮，如图9-83所示。

（2）在"商业计划书"主题右侧添加一个子主题，输入"项目（产品）介绍"文本，单击【主页】/【添加主题】组中的"新主题"按钮，如图9-84所示。

（3）所选主题下方将新建一个同级别的主题，在新建的主题中输入"SWOT分析"文本，使用相同的方法继续新建同级别的其他主题。

（4）选择"项目（产品）介绍"主题，单击【主页】/【添加主题】组中的"新副标题"按钮，如图9-85所示。

（5）在主题右侧新建一个子主题，并在子主题中输入"产品概括"文本，然后使用相同的方法继续新建需要的子主题。

（6）为"SWOT分析"主题新建需要的子主题。选择"SWOT分析"主题，单击【主页】/【对象】组中的"边界"按钮下方的下拉按钮，在弹出的下拉列表中选择"汇总-弧形"选项，如图9-86所示。

图9-83　新建子主题

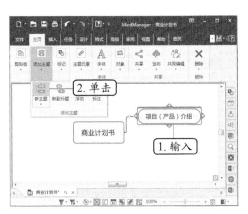

图9-84　新建同级主题

图9-85　新建子主题

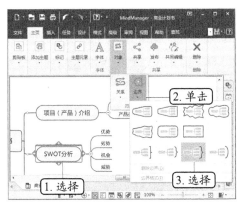

图9-86　新建边界

多学一招　　　　　　　　　**快速新建主题和子主题**

　　选择思维导图中的某个主题，按【Enter】键，即可新建同级别的主题；按【Insert】键或在解除数字小键盘的情况下按小键盘区的【0】键，即可新建低一级别的子主题。

　　（7）使用弧形将所选主题下的子主题括起来。选择弧形，按【Enter】键新建一个主题，输入"即对内部能力因素和外部环境因素进行分析"文本，如图9-87所示。

　　（8）使用前面的方法继续为其他主题新建需要的子主题，如图9-88所示。

图9-87　新建弧形主题

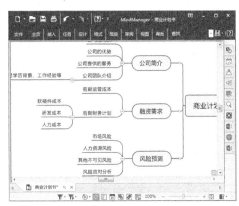

图9-88　新建子主题

（三）美化思维导图

对于制作的思维导图，还可以应用导图主题和设置格式美化思维导图，其具体操作如下。

微课视频

美化思维导图

（1）拖曳选择整个思维导图，单击【设计】/【主题】组中的"导图主题"按钮⬛️，在弹出的下拉列表中选择主题样式"09 可达性"选项，如图9-89所示。

（2）选择"商业计划书"中心主题，在【格式】/【字体】组中的"字体"下拉列表框中选择"方正兰亭中黑简体"选项，在"字号"下拉列表框中选择"36"选项，单击"加粗"按钮**B**加粗文本，如图9-90所示。

图9-89 应用导图主题

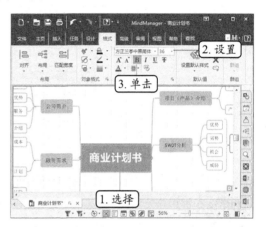

图9-90 设置主题字体格式

（3）按住【Ctrl】键单击选择思维导图中最低级别的子主题，单击【格式】/【对象格式】组中的"主题形状"按钮▱，在弹出的下拉列表中选择"八角形"选项，如图9-91所示。

（4）保持子主题的选择状态，单击【格式】/【对象格式】组中的"线条颜色"按钮✎右侧的下拉按钮▾，在弹出的下拉列表中选择"滴管"选项，如图9-92所示。

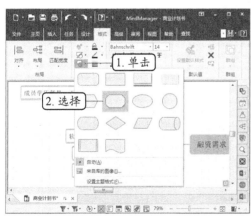

图9-91 选择主题形状

图9-92 选择"滴管"选项

多学一招　　　　　　　　　　　更改思维导图布局

选择思维导图，在【设计】/【地图布局】列表框中提供了多种布局样式，选择需要的布局，即可快速更改思维导图的整体布局。

（5）此时鼠标指针变为 📝 形状，将 📝 移动到"商业计划书"中心主题蓝色背景上单击，将吸取的颜色应用于选择的子主题线条。

（6）按住【Ctrl】键单击选择思维导图中心主题下的所有主题，单击【格式】/【对象格式】组中的"线条"按钮 ▤，在弹出的下拉列表中选择"副主题线条样式"栏中的"肘形"选项，如图9-93所示。

（7）将选择的线条样式应用于所选主题连接副主题的线条，效果如图9-94所示。

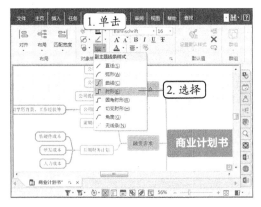
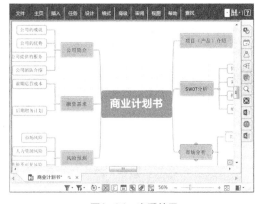

图9-93　选择线条　　　　　　　　　　　　　　图9-94　查看效果

微课视频

将思维导图导出为
演示文稿

（四）将思维导图导出为演示文稿

制作的思维导图可以直接导出为PowerPoint文件、Excel文件和Word文件，便于制作思维导图相关的文档。下面将思维导图导出为演示文稿，其具体操作如下。

（1）单击"文件"菜单，在打开的界面左侧选择"导出"选项，在右侧选择"Microsoft PowerPoint"选项，如图9-95所示。

（2）在打开的提示对话框中单击 确定 按钮，打开"导图导出为"对话框，在地址栏中设置导出的位置，其他保持默认设置，单击 保存(S) 按钮，如图9-96所示。

图9-95　选择导出选项　　　　　　　　　　　　图9-96　导出设置

（3）打开"Microsoft PowerPoint 导出格式设置"对话框，单击 导出 按钮，如图9-97所示。

（4）开始导出思维导图，并在打开的"Microsoft PowerPoint 导出进度"对话框中显示导出进度，导出完成后，单击 打开(O) 按钮，如图9-98所示。

图9-97　导出格式设置

图9-98　导出进度

（5）将自动启动PowerPoint 2016，并打开思维导图导出的演示文稿，效果如图9-99所示。

（6）在MindManager软件界面中也将以幻灯片的形式显示思维导图，并可对幻灯片中的内容进行修改，如图9-100所示，完成本任务的制作。

图9-99　查看导出的演示文稿效果

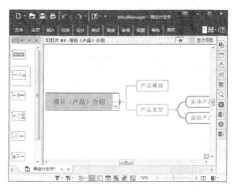

图9-100　以幻灯片显示思维导图

实训一　在手机端制作"工作简报"文档

【实训要求】

本实训将制作"工作简报"文档，工作简报属于公司内部文件，主要是在公司内部进行传阅和保存，这类文档要求内容一定要准确，如果公司对文档有固定的格式要求，则需要按照固定的格式进行制作。

【实训思路】

本实训在制作"工作简报"文档时，要求使用手机端软件进行制作。制作好后，需要保存到OneDrive，便于在计算机中查看和编辑文档，参考效果如图9-101所示。

图9-101　"工作简报"文档

素材所在位置 素材文件\项目九\工作简报内容.txt

效果所在位置 效果文件\项目九\工作简报.docx

【步骤提示】

（1）在手机上启动Microsoft Word，新建一个文档，在文档中输入"工作简报内容.txt"文件中的内容，然后对文档内容的格式进行设置。

（2）制作好文档后，登录Microsoft账户，将其保存到OneDrive中。

（3）在计算机中启动Word 2016，登录Microsoft账户，在OneDrive中可找到手机上保存的文档。

（4）打开文档，查看文档内容。

实训二 在Word文档中使用Excel中的表格和图表

【实训要求】

本实训要求在Word文档中使用Excel工作簿中制作好的表格和图表。

【实训思路】

本实训将首先在文档中插入Excel对象，然后对Word中表格的显示区域和网格线进行设置。完成效果如图9-102所示。

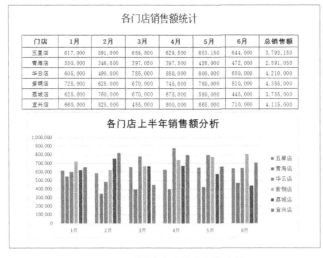

图9-102 "销售额统计分析"文档

素材所在位置 素材文件\项目九\门店销售额统计表.xlsx

效果所在位置 效果文件\项目九\销售额统计分析.docx

【步骤提示】

（1）启动Word文档，新建"销售额统计分析"文档，输入文档标题并对其进行设置。

（2）在Word文档中插入"门店销售额统计表.xlsx"文件对象。

（3）双击进入Excel编辑窗口，对表格显示区域进行调整，并取消工作表中的网格线。

课后练习

（1）本练习将共享"员工工资表"工作簿，首先需要登录Microsoft账户，将表格保存到OneDrive中，执行与人共享操作，添加收件人邮件，再将文档以邮件的形式共享出去。

 素材所在位置　素材文件\项目九\员工工资表.xlsx

（2）本练习将把"宣传画册"演示文稿中的幻灯片添加到Word文档中，效果如图9-103所示，在添加幻灯片时，需要将演示文稿导出为讲义。

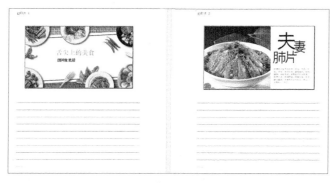

图9-103　"宣传画册"文档

 素材所在位置　素材文件\项目九\宣传画册.pptx
效果所在位置　效果文件\项目九\宣传画册.docx

技能提升

1. 将Excel图表以图片格式插入PowerPoint中

如果确认Excel中制作的图表已不会再做更改，那么可以图片的形式粘贴到PowerPoint中使用。其方法是：打开工作簿，选择图表，单击"剪贴板"组中的"复制"按钮▢右侧的下拉按钮▾，在弹出的下拉列表中选择"复制为图片"选项，在打开的对话框中保持默认设置，单击 确定 按钮，将图表复制为图片，切换到PowerPoint窗口中，在幻灯片中按【Ctrl+V】组合键粘贴，粘贴的图表将是一张图片，并可按图片的形式进行编辑操作，如图9-104所示。

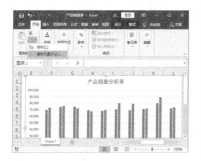

图9-104　将图表以图片格式插入幻灯片中

2. 在Word文档中编辑Excel表格

在Word文档中通过插入对象或插入Excel表格的方法插入Excel表格后，如果需要编辑Excel表格数据，则可在Word文档中右击Excel表格，在弹出的快捷菜单中选择"'Worksheet'对象"命令，在弹出的子菜单中选择"打开"命令，系统将自动启动Excel程序，并在该程序中打开当前Excel表格，同时Excel窗口标题栏中会显示其所属的Word文档的名称，在Excel窗口中可编辑表格，如图9-105所示，编辑完成后单击"关闭"按钮✕。

图9-105　在Word文档中编辑Excel表格

3. 手机与计算机文件互传

微信和QQ在计算机和手机中都能同时登录，如果将手机中的文件传送到计算机或者将计算机中的文件传送到手机，则不需要用数据线连接手机和计算机，可利用微信的"文件传输助手"或QQ中的"我的设备"来实现。以QQ为例讲解手机与计算机文件互传，其方法是：在手机和计算机中同时登录QQ，在计算机QQ登录界面单击展开"我的设备"选项，双击"我的iPhone"选项可打开与手机的对话窗口，单击"传送文件"按钮▤，打开"打开"对话框，选择需要传送的文件（包括图片、视频、音频、文档等），单击 打开(O) ▼按钮，可将选择的文件传送到手机，且对话窗口中会显示发送成功的文件，如图9-106所示。另外，手机向计算机传送文件的方法也类似，在手机QQ界面中点击"设备"选项，展开与手机QQ关联的设备选项，点击"我的设备"选项，打开与设备的对话窗口，在手机中选择传送的文件发送即可。

图9-106　使用QQ软件从计算机向手机传送文件

项目十

综合案例——产品营销推广

情景导入

　　米拉现在可以熟练地使用Office办公软件制作文档、表格和演示文稿，于是老洪交给米拉一个任务，让她制作一整套关于新产品上市的营销推广方案，巩固前面学习过的知识。于是米拉开始了产品营销推广综合案例的学习和制作。

学习目标

- 掌握制作"产品营销推广方案"文档的方法。
　　如设置页面格式、新建与修改样式、插入封面、自定义目录、插入页脚等。
- 掌握制作"营销费用预算表"表格的方法。
　　如套用表格样式、设置数字格式、创建数据透视表/图等。
- 掌握制作"产品营销推广方案"演示文稿的方法。
　　如通过大纲窗格理清演示文稿结构、设计幻灯片母版、使用图片与形状、添加动画效果、放映演示文稿等。

素养目标

　　学以致用，综合运用各方面知识解决各种问题，并不断创新工作方法。

案例展示

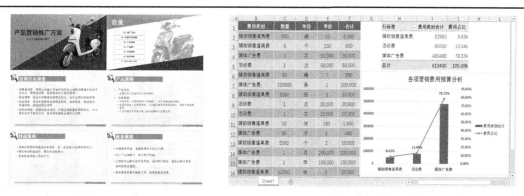

▲ "产品营销推广方案"演示文稿　　　　▲ "营销费用预算表"表格

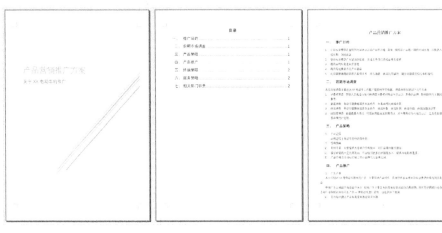
任务一　制作"产品营销推广方案"文档

本任务将使用Word制作"产品营销推广方案"文档，主要涉及页面设置、样式、目录、封面、页眉和页脚等知识点。这类文档属于正式文档，包含的内容较多，所以，在制作文档时，一定要注意文档结构的完整性。本任务制作完成后的效果如图10-1所示。

图10-1　"产品营销推广方案"文档

素材所在位置　素材文件\项目十\产品营销推广方案.txt

效果所在位置　效果文件\项目十\产品营销推广方案.docx、营销推广思维导图.mmap

（一）用MindManager制作营销推广思维导图

微课视频

用 MindManager
制作营销推广思维导图

下面通过MindManager制作"产品营销推广方案"思维导图，在输入推广方案Word文档内容时，可根据思维导图来添加相应的文本内容，其具体操作如下。

（1）启动MindManager，根据"右侧导图"空白模板新建思维导图文档，并将其保存为"营销推广思维导图.mmap"。

（2）在"中心主题"中输入"营销推广"文本，单击主题右侧的 按钮，新建一个"主要主题"，输入"推广目的"文本，如图10-2所示。

（3）按【Enter】键新建"前期市场调查"主要主题，选择该主题，单击【主页】/【添加主题】组中的"新副标题"按钮 ，如图10-3所示。

> **多学一招**　　　　　　　　　　　　**插入浮动主题**
>
> 单击【主页】/【添加主题】组中的"浮动"按钮 ，此时鼠标指针变成 形状，在文档页面中需要插入浮动主题的位置处单击，即可插入一个不与其他主题连接的浮动主题。

（4）使用相同的方法继续添加主题和子主题，完成思维导图内容的制作，如图10-4所示。

（5）选择思维导图，单击【设计】/【主题】组中的"导图主题"按钮 ，在弹出的下拉列表中选择"06 高楼林立"选项，如图10-5所示。

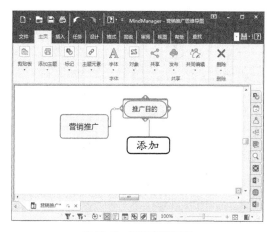

图10-2 添加主要主题

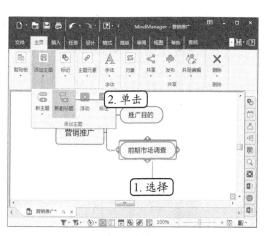

图10-3 添加子主题

图10-4 继续添加思维导图内容

图10-5 选择风格主题

（6）选择的主题样式将应用于思维导图中，效果如图10-6所示。

（二）设置文档页面

下面在新建的文档中输入"产品营销推广方案.txt"文件中的内容，并根据需要对文档页面的页边距和页面边框进行设置，其具体操作如下。

微课视频

设置文档页面

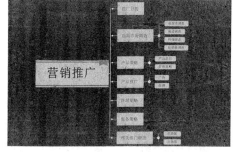

图10-6 思维导图效果

（1）启动Word 2016，新建一个"产品营销推广方案"空白文档，在文档中输入"产品营销推广方案.txt"文件中的内容。

（2）单击【布局】/【页面设置】组中的"页边距"按钮 ，在弹出的下拉列表中选择"中等"选项，如图10-7所示。

（3）单击【设计】/【页面背景】组中的"页面边框"按钮 ，打开"边框和底纹"对话框。在"页面边框"选项卡中的"设置"栏中选择"阴影"选项，在"颜色"下拉列表框中选择"黑色，文字1，淡色，50%"选项，在"宽度"下拉列表框中选择"4.5磅"选项，单击 选项(O)... 按钮，如图10-8所示。

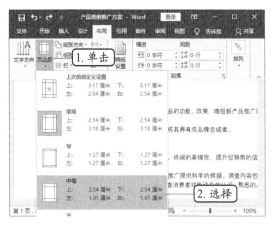

图10-7　设置页边距　　　　　　　　　　　　　图10-8　设置页面边框

（4）打开"边框和底纹选项"对话框，在"边距"栏中的"上""下""左""右"数值框中均输入"0磅"，单击 确定 按钮，如图10-9所示。

（5）返回"边框和底纹"对话框，单击 确定 按钮，返回文档可查看设置的页面边框效果，如图10-10所示。

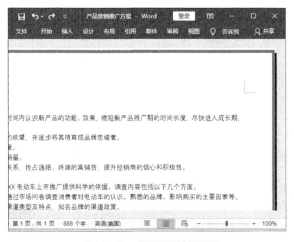

图10-9　设置边框边距　　　　　　　　　图10-10　查看页面边框效果

（三）排版美化文档

微课视频
排版美化文档

下面通过设置文档格式、新建样式、插入封面、添加目录、插入页码等操作对文档进行排版和美化，其具体操作如下。

（1）选择文档标题，选择【开始】/【样式】组列表框中的"标题"选项，并将其应用于标题段落中，如图10-11所示。

（2）选择【开始】/【样式】组列表框中的"正文"选项，单击鼠标右键，在弹出的快捷菜单中选择"修改"命令，如图10-12所示。

（3）打开"修改样式"对话框，单击 格式(O) 按钮，在弹出的下拉列表中选择"段落"选项，打开"段落"对话框。在"缩进和间距"选项卡中的"特殊"下拉列表框中选择"首行"选项，在"行距"下拉列表框中选择"多倍行距"选项，在"设置值"数值框中输入"1.2"，单击 确定 按钮，如图10-13所示。

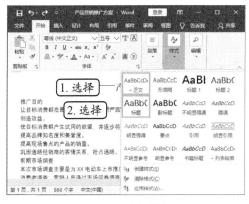

图10-11 应用样式

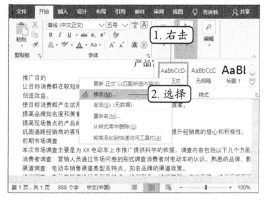

图10-12 选择"修改"命令

（4）返回"修改样式"对话框，单击 确定 按钮，应用"正文"样式的段落将发生变化。将文本插入点定位到"推广目的"段落，单击【开始】/【样式】组右侧的"其他"按钮▽，在弹出的下拉列表中选择"创建样式"选项。

（5）打开"根据格式化创建新样式"对话框，单击 修改(M)... 按钮，在"名称"文本框中输入"1级"文本，在"格式"栏中设置字号、加粗和扩大行距，单击 格式(O)... 按钮，在弹出的下拉列表中选择"编号"选项，如图10-14所示。

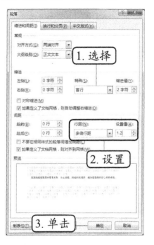

图10-13 设置段落格式

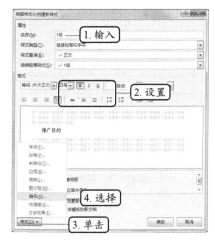

图10-14 新建样式

（6）打开"编号和项目符号"对话框，在"编号"选项卡中选择"一、二、三、……"编号样式，单击 确定 按钮，如图10-15所示。

（7）返回"根据格式化创建新样式"对话框，单击缩进按钮对段落进行缩进设置，完成后单击 确定 按钮，新建样式将应用于文本插入点所在的段落。

（8）将新建的"1级"样式应用于文档其他段落，然后选择其他需要设置编号格式的段落，单击【开始】/【段落】组中的"编号"按钮 右侧的下拉按钮▼，在弹出的下拉列表中选择"1.2.3.……"编号样式，如图10-16所示。

（9）将文本插入点定位到编号"6"所在的段落，单击鼠标右键，在弹出的快捷菜单中选择"重新开始于1"命令，如图10-17所示。

（10）编号将从"1"开始重新编号，使用相同的方法对其他段落的起始编号进行设置，然后选择"产品策略"和"产品推广"下方其他需要添加编号的段落，在"编号"下拉列表中选择"定义新编号格式"选项。

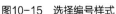

图10-15　选择编号样式

图10-16　为段落添加编号

（11）打开"定义新编号格式"对话框，在"编号格式"文本框中的编号前后输入中文状态下的圆括号，在"对齐方式"下拉列表框中选择"居中"选项，单击 确定 按钮，如图10-18所示。返回文档，使用相同的方法对"产品推广"下方的段落进行重新编号。

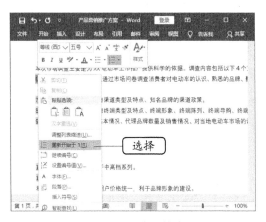

图10-17　重新开始编号

图10-18　定义新编号格式

（12）单击【插入】/【页面】组中的"封面"按钮 ，在弹出的下拉列表中选择"切片(浅色)"选项，如图10-19所示。

（13）在封面文本框中输入需要的文本内容，并将该文本框移到适合的位置，然后删除页面右下角多余的文本框。

（14）将文本插入点定位到文档标题前，单击【引用】/【目录】组中的"目录"按钮 ，在弹出的下拉列表中选择"自定义目录"选项，如图10-20所示。

（15）打开"目录"对话框，在"目录"选项卡中的"显示级别"数值框中输入"1"，取消选中"使用超链接而不使用页码"复选框，单击 选项(O)... 按钮，如图10-21所示。

（16）打开"目录选项"对话框，删除"标题""标题1"样式对应的"目录级别"文本框中的数字，在"1级"样式对应的"目录级别"文本框中输入"1"，单击 确定 按钮，如图10-22所示。

（17）返回"目录"对话框，单击 确定 按钮，将在文本插入点插入提取的目录。在提取的目录上方输入"目录"文本，并对目录文本的格式进行设置。

（18）将文本插入点定位到文档标题前，单击【布局】/【页面设置】组中的"分隔符"按钮 ，在弹出的下拉列表中选择"分节符"栏中的"下一页"选项，如图10-23所示。

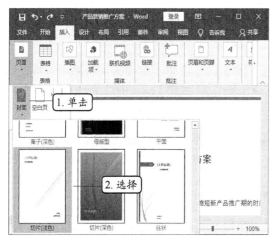

图10-19　选择封面样式

图10-20　选择"自定义目录"选项

图10-21　目录设置　　　　　图10-22　设置目录级别

（19）文档标题前将插入分节符，并且分节符后面的内容将在下一页显示。双击页眉或页脚处，进入页眉或页脚的编辑状态，将文本插入点定位到正文内容的页脚处，断开与前一节页脚的链接，在【页眉和页脚工具 设计】/【选项】组中取消选中"首页不同"复选框。

（20）单击【页眉和页脚工具】/【页眉和页脚】组中的"页码"按钮，在弹出的下拉列表中选择"页面底端"选项，在弹出的子列表中选择"普通数字2"选项，如图10-24所示。

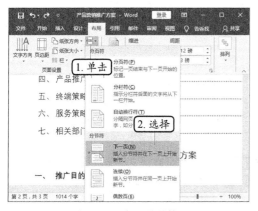

图10-23　插入分节符

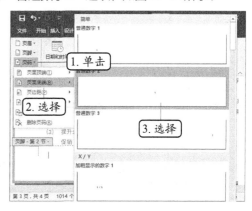

图10-24　选择页码样式

（21）选择插入的页码，在"页码"下拉列表中选择"设置页码格式"选项，打开"页码格式"对话框，在"起始页码"数值框中输入开始页码"1"，单击 确定 按钮，如图10-25所示。

（22）将文本插入点定位到页眉处，单击【开始】/【字体】组中的"清除所有格式"按钮，删除页眉处的横线，单击【页眉和页脚工具 设计】/【关闭】组中的"关闭页眉和页脚"按钮，退出页眉页脚编辑状态，返回文档编辑区可查看设置的页脚效果，如图10-26所示。

图10-25　设置页码格式

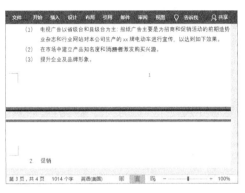

图10-26　查看设置的页码效果

（四）通过QQ发送给领导审核

微课视频

通过 QQ 发送给领导审核

下面通过QQ将制作好的"产品营销推广方案"文档发送给部门主管进行审核，其具体操作如下。

（1）在计算机中登录QQ，打开"王主管"对话框，单击▄▄按钮，在弹出的列表中选择"发送文件"选项，如图10-27所示。

（2）打开"打开"对话框，在地址栏中选择文档保存的位置，在打开的文件夹中选择"产品营销推广方案.docx"文件，单击 打开(O) 按钮，如图10-28所示。

图10-27　选择"发送文件"选项

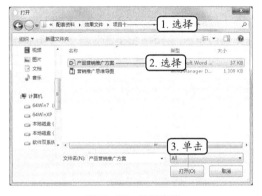

图10-28　选择文件

（3）选择的文件将显示在信息发送区，单击 发送(S) 按钮即可发送文件，如图10-29所示。

（4）"传送文件"区域将显示发送的状态，如图10-30所示。发送完成后，文件将显示在窗口对话区域。

图10-29　执行发送操作

图10-30　开始传送文件

（五）接受领导的审核意见并进行修改

下面接收领导发送的文件，打开文件查看领导的审核意见并根据实际情况进行修改，其具体操作如下。

（1）当领导发送审核后的文件时，QQ会进行提醒，打开传送文件界面，选择"接收"选项，如图10-31所示。

（2）文件接收完成后，聊天窗口中将显示接收的文件，选择文件下方的"打开"选项，如图10-32所示。

图10-31　接收文件

图10-32　打开文件

（3）在Word 2016中打开该文档，单击【审阅】/【修订】组中"显示以供审阅"右侧的下拉按钮▾，在弹出的下拉列表中选择"所有标记"选项，将显示文档中领导修订的所有标记，如图10-33所示。

（4）方案策划人员可对修订内容进行查看，查看完成后，单击【审阅】/【更改】组中"接受"按钮☑下方的下拉按钮▾，在弹出的下拉列表中选择"接受所有更改并停止修订"选项，即接受领导对文档所做的所有修订，如图10-34所示。

（5）单击【审阅】/【批注】组中的"下一条"按钮，如图10-35所示，将切换到文档中的批注处，可根据批注对文档内容进行修改。

（6）修改完成后，单击【审阅】/【批注】组中的"删除"按钮删除该批注，如图10-36所示，完成本任务的制作。

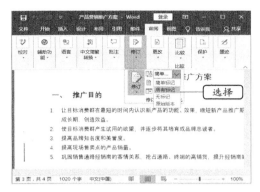

图10-33　显示所有标记

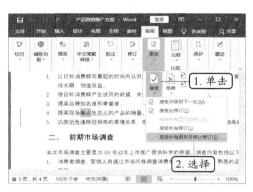

图10-34　接受修订

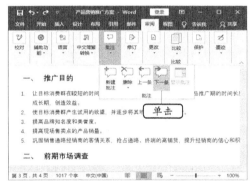

图10-35　切换到批注

图10-36　删除批注

任务二　制作"营销费用预算表"表格

本任务将使用Excel制作"营销费用预算表"表格，在制作时会涉及表格数据的录入、格式的设置、表样式的应用、数据的计算、数据透视表的创建与编辑、数据透视图的创建与编辑等知识。本任务制作完成后的效果如图10-37所示。

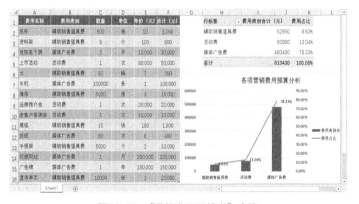

图10-37　"营销费用预算表"表格

素材所在位置　素材文件\项目十\营销费用数据.txt

效果所在位置　效果文件\项目十\营销费用预算表.xlsx

（一）创建"营销费用预算表"表格

下面新建"营销费用预算表"工作簿，在工作表中输入相关费用后，对表格进行设置和美化，其具体操作如下。

（1）启动Excel 2016，新建"营销费用预算表"工作簿，在工作表中输入"营销费用数据.txt"文件中的数据。

（2）选择A1:F1单元格区域，加粗文本，并将对齐方式设置为"居中对齐"。

（3）选择A1:B16单元格区域，单击【开始】/【单元格】组中的"格式"按钮，在弹出的下拉列表中选择"自动调整列宽"选项，将根据单元格中文本的长度自动调整列宽，如图10-38所示。

（4）选择C2:F16单元格区域，将对齐方式设置为"居中对齐"。选择A1:F16单元格区域，在"格式"下拉列表中选择"行高"选项，打开"行高"对话框，在"行高"文本框中输入"22"，单击 确定 按钮，如图10-39所示。

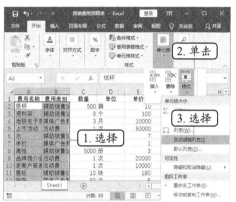

图10-38　自动调整列宽

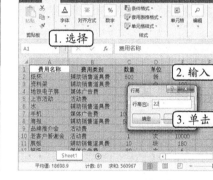

图10-39　调整单元格行高

（5）选择E2:F16单元格区域，按【Ctrl+1】组合键打开"设置单元格格式"对话框，在"数字"选项卡中的"分类"列表框中选择"数值"选项，在"小数位数"数值框中输入"0"，选中"使用千位分隔符"复选框，单击 确定 按钮，如图10-40所示。

（6）选择A1:F16单元格区域，单击【开始】/【样式】组中的"套用表格格式"按钮，在弹出的下拉列表中选择"蓝色，表样式中等深浅9"选项，如图10-41所示。

图10-40　设置数字格式

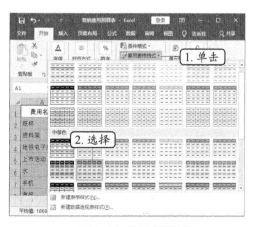

图10-41　套用表格样式

（7）打开"套用表格式"对话框，确认套用表格样式的单元格区域后，单击 确定 按钮，即可为所选区域套用表格样式。在【表格工具 设计】/【表格样式选项】组中取消选中"筛选按钮"复选框，即可取消表字段中的筛选按钮，如图10-42所示。

（二）计算表格中的数据

下面使用公式对表格中的合计数据进行计算，其具体操作如下。

（1）选择F2单元格，在编辑栏中输入公式"=E2*C2"，公式将自动变成"=[@单价]*[@数量]"，如图10-43所示。

微课视频

计算表格中的数据

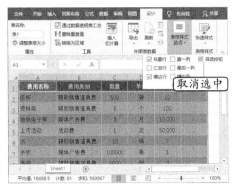

图10-42　取消表字段筛选按钮

（2）按【Enter】键批量计算出F2:F16单元格区域的结果，如图10-44所示。因为套用表样式后没有转化成普通区域，所以F列将自动为表格区域创建名称。

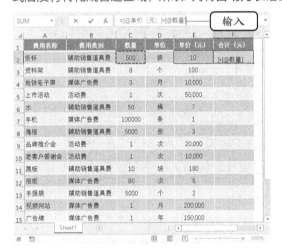

图10-43　输入公式　　　　　　　　　　　　图10-44　查看计算结果

（三）使用数据透视表和数据透视图分析预算费用

微课视频

使用数据透视表和数据透视图分析预算费用

下面使用数据透视表和数据透视图对表格中的数据进行分析，其具体操作如下。

（1）选择A1:F16单元格区域，单击【插入】/【表格】组中的"数据透视表"按钮 ，打开"创建数据透视表"对话框，选中"现有工作表"单选按钮，在"位置"参数框中输入"Sheet1!$H$1"，单击 确定 按钮，如图10-45所示。

（2）创建空白数据透视表，将"费用类别"字段拖曳到"行"列表框中，拖曳两次"合计（元）"字段到"值"列表框中，创建数据透视表，如图10-46所示。

（3）选择I1单元格，在【数据透视表工具 分析】/【活动字段】组中的"活动字段"文本框中输入"费用类别合计（元）"文本，更改字段名称，如图10-47所示。

（4）选择J1单元格，单击"活动字段"组中的"字段设置"按钮 ，打开"值字段设置"对话框，单击"值显示方式"选项卡，在"值显示方式"下拉列表框中选择"总计的百分比"选项，在"自定义名称"文本框中输入"费用占比"文本，单击 确定 按钮，如图10-48所示。

图10-45　创建数据透视表

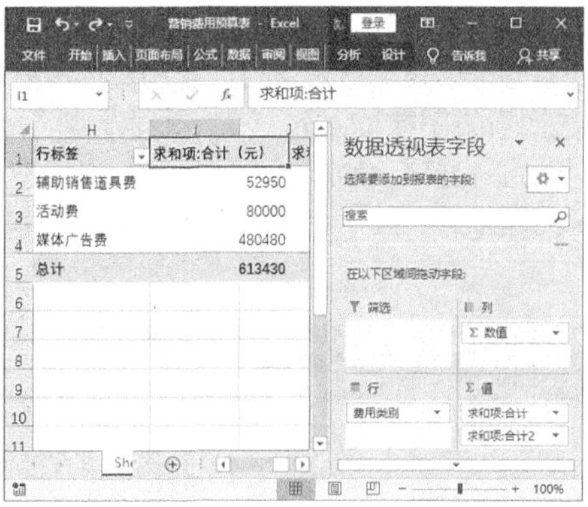

图10-46　拖曳字段

图10-47　更改字段名称

图10-48　更改值显示方式

（5）J列中的数据将以百分比形式显示，选择数据透视表中的任意单元格，单击【数据透视表工具 分析】/【工具】组中的"数据透视图"按钮。

（6）打开"插入图表"对话框，在窗口左侧选择"组合图"选项，在窗口右侧"费用占比"数据系列对应的"图表类型"下拉列表框中选择"带数据标记的折线图"选项，选中其后的"次坐标轴"复选框，单击　确定　按钮，如图10-49所示。

（7）将插入的组合图表调整到合适的位置和大小，然后在图表上的字段按钮上单击鼠标右键，在弹出的快捷菜单中选择"隐藏图表上的所有字段按钮"命令，如图10-50所示。

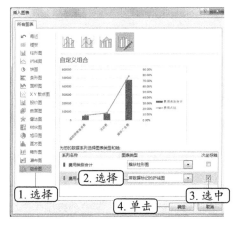

图10-49　插入组合图

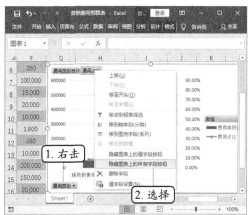

图10-50　隐藏图表上的所有字段按钮

（8）选择图表，单击图表右上角的"图表元素"按钮，在弹出的列表中选中"图表标题"复选框，并将图表标题设置为"各项营销费用预算分析"。

（9）选择折线图数据系列，在"图表元素"列表中选中"数据标签"复选框，在弹出的子列表中选择"上方"选项，如图10-51所示。

（10）选择图表，单击"字体"组中的"加粗"按钮**B**，加粗显示图表中的数据，如图10-52所示。

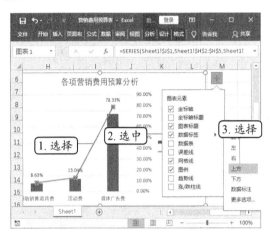

图10-51　添加图表元素

图10-52　加粗图表中的数据

（四）打印表格数据

微课视频

打印表格数据

下面打印制作好的表格数据区域、数据透视表和数据透视图，其具体操作如下。

（1）单击【视图】/【工作簿视图】组中的"分页预览"按钮，如图10-53所示。

（2）进入分页预览视图，将鼠标指针移动到"第1页"和"第2页"之间的蓝色垂直虚线上，按住鼠标左键不放，向右拖曳，如图10-54所示。

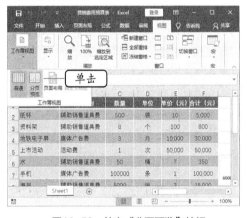

图10-53　单击"分页预览"按钮

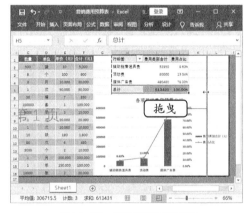

图10-54　拖曳调整打印页数

（3）将蓝色垂直虚线拖曳到最右侧的垂直蓝色实线上，表格将以一页进行打印。单击"文件"选项卡，在打开的界面左侧选择"打印"选项，在界面中间的"纵向"下拉列表框中选择"纵向"选项，如图10-55所示。

（4）将缩放设置为"无缩放"，在"份数"数值框中输入"10"，单击"打印"按钮🖨执行打印，如图10-56所示，完成本任务的制作。

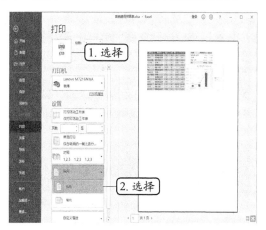
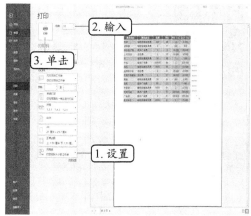

图10-55　调整打印方向　　　　　　　　图10-56　执行打印

任务三　制作"产品营销推广方案"演示文稿

本任务将制作"产品营销推广方案"演示文稿，会涉及PowerPoint与Word的协同办公、设计幻灯片母版、插入幻灯片对象、添加动画、联机演示等知识。本任务制作完成后的最终效果如图10-57所示。

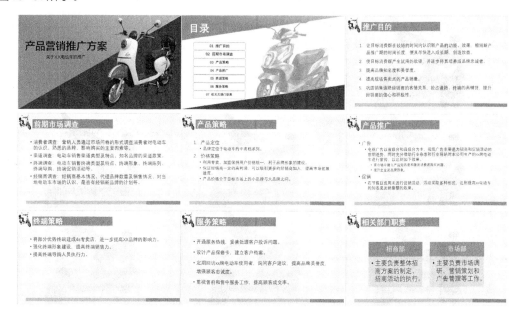

图10-57　"产品营销推广方案"演示文稿

素材所在位置　素材文件\项目十\产品营销推广方案.docx、电动车.png

效果所在位置　效果文件\项目十\产品营销推广方案.pptx

（一）将Word内容分配到演示文稿幻灯片中

微课视频

将 Word 内容分配到
演示文稿幻灯片中

下面将Word文档内容分配到演示文稿幻灯片中，并在大纲视图中组织幻灯片结构，其具体操作如下。

（1）新建"产品营销推广方案"空白演示文稿，单击【开始】/【幻灯片】组中"新建幻灯片"按钮下方的下拉按钮▾，在弹出的下拉列表中选择"幻灯片(从大纲)"选项，如图10-58所示。

（2）打开"插入大纲"对话框，在地址栏中选择Word文件保存的位置，选择"产品营销推广方案.docx"文件，单击 插入(I) 按钮，如图10-59所示。

图10-58　选择"幻灯片（从大纲）"选项　　　　图10-59　插入大纲文件

（3）演示文稿幻灯片将根据Word文档中的内容进行创建，并自动将文档内容分配到相应的幻灯片中。单击【视图】/【演示文稿视图】组中的"大纲视图"按钮，进入大纲视图，将文本插入点定位到"让目标"文本前，如图10-60所示。

（4）按【Tab】键下降一个级别，将其调整到第6张幻灯片下，使用相同的方法继续调整幻灯片中的其他内容，如图10-61所示。

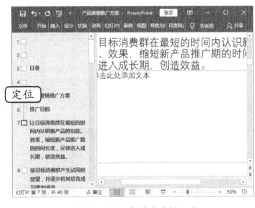

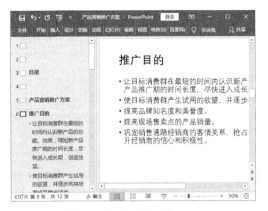

图10-60　定位文本插入点　　　　　　　　图10-61　调整幻灯片内容

（5）选择空白幻灯片，按【Delete】键删除；选择第1张幻灯片，按住鼠标左键不放，向下拖曳至"产品营销推广方案"幻灯片后面，如图10-62所示。

（6）释放鼠标左键，原来的第1张幻灯片将变成第2张幻灯片，如图10-63所示。

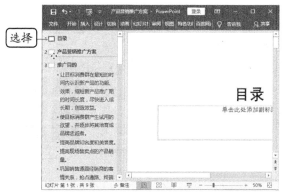

图10-62　调整幻灯片位置　　　　　　图10-63　查看幻灯片结构

（二）设计幻灯片母版

下面通过幻灯片母版对幻灯片版式进行设置，并将其应用于相应的幻灯片中，其具体操作如下。

（1）单击【视图】/【母版视图】组中的"幻灯片母版"按钮 ，进入幻灯片母版，在第2张幻灯片版式中绘制一个"直角三角形"形状，并将其垂直旋转，然后取消形状轮廓，将填充色设置为"橙色，个性色2"到"金色，个性色4"的渐变填充，如图10-64所示。

（2）复制直角三角形，将其填充色设置为"黑色，文字1，淡色25%"，并将粘贴的形状调整到合适的位置，并调整大小和旋转角度。

（3）在幻灯片中插入"电动车.png"图片，选择图片，单击【图片工具 格式】/【调整】组中的"删除背景"按钮 ，如图10-65所示。

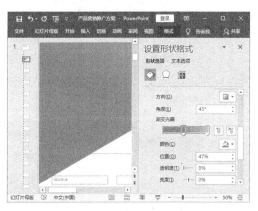

图10-64　设置形状渐变效果

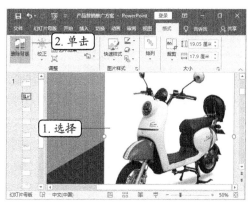

图10-65　插入图片

（4）此时，图片中要删除的部分呈紫红色，拖曳图片四周的小圆点进行调整，保留图片的更多部分，然后在图片中标记删除部分中要保留的部分，单击"保留更改"按钮 ，如图10-66所示。

（5）复制第2张幻灯片版式中的"电动车"图片，将其粘贴到第3张幻灯片版式中，并将其调整到合适的位置和大小。

（6）在第3张幻灯片版式中绘制"矩形"和"直线"形状，并对其填充色和轮廓进行设置，然后单击【幻灯片母版】/【背景】组中的"背景样式"按钮 ，在弹出的下拉列表中选择"设置背景格式"选项，如图10-67所示。

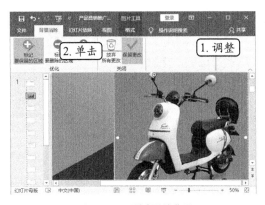

图10-66　删除图片背景

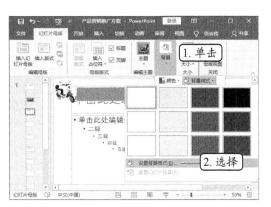

图10-67　选择"设置背景格式"选项

（7）打开"设置背景格式"任务窗格，在"填充"栏中选中"图片或纹理填充"单选按钮，单击 插入(R)... 按钮，打开"插入图片"对话框，在"必应图像搜索"搜索框中输入"电动车"文本，单击 按钮，如图10-68所示。

（8）打开"联机图片"对话框，在该对话框中将显示根据"电动车"搜索到的图片，单击取消选中"仅限Creative Commons"复选框，选择需要的图片，单击 插入 按钮，如图10-69所示。

图10-68　输入关键字

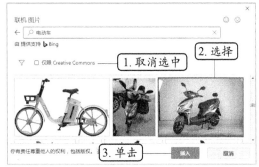

图10-69　插入联机图片

（9）将下载完成后的图片填充为幻灯片背景，并将图片透明度设置为"93%"，如图10-70所示。

（10）使用相同的方法制作第4张幻灯片版式，如图10-71所示。

图10-70　设置图片透明度

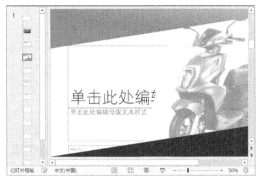

图10-71　制作其他版式

（11）单击【幻灯片母版】/【关闭】组中的"关闭幻灯片母版"按钮 ，即可关闭母版视图。在普通视图中选择第1张幻灯片，单击【开始】/【幻灯片】组中的"版式"按钮 ，在弹出的下拉列表中选择"标题幻灯片"选项，如图10-72所示。

（12）使用相同的方法将设置的版式应用于其他演示文稿幻灯片中，效果如图10-73所示。

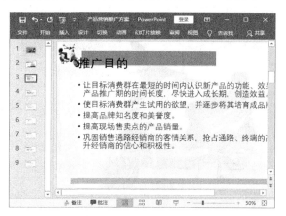

图10-72　选择幻灯片版式　　　　　　　　图10-73　查看幻灯片效果

（三）编辑和补充幻灯片内容

下面对幻灯片中的内容进行编辑，并根据需要对部分幻灯片遗漏的内容进行补充，其具体操作如下。

（1）选择第1张幻灯片，在副标题占位符中输入"关于XX电动车的推广"文本，并设置标题和副标题占位符中的字体和字号，设置完成后将其移动到合适的位置。

（2）选择第2张幻灯片，设置标题占位符格式，单击【插入】/【插图】组中的"SmartArt"按钮，打开"选择SmartArt图形"对话框，在对话框左侧选择"列表"选项，在对话框中间选择"垂直块列表"选项，单击　确定　按钮，如图10-74所示。

编辑和补充幻灯片内容

（3）在该幻灯片中插入选择的SmartArt图形，在其中输入需要的文本，并将其调整到合适的大小和位置。选择SmartArt图形，单击【SmartArt工具 设计】/【SmartArt样式】组中的"更改颜色"按钮，在弹出的下拉列表中选择"彩色轮廓-个性色2"选项，如图10-75所示。

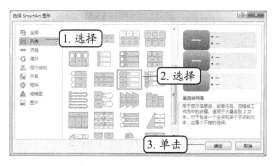
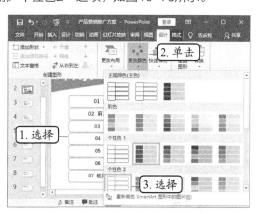

图10-74　选择SmartArt图形　　　　　　图10-75　更改SmartArt图形颜色

（4）调整第3张幻灯片标题占位符的位置和字体颜色。选择内容占位符，单击【开始】/【段落】组中"编号"按钮右侧的下拉按钮，在弹出的下拉列表中选择"1. 2. 3.……"编号样式，如图10-76所示。

（5）保持内容占位符的选择状态，单击【开始】/【段落】组中的"行距"按钮 ，在弹出的下拉列表中选择"1.0"选项，如图10-77所示。

图10-76　选择编号样式

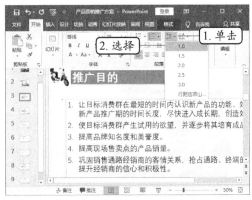

图10-77　设置行距

（6）使用相同的方法编辑其他幻灯片；选择第6张幻灯片，输入Word文档中遗漏的内容，并按【Tab】键调整段落级别，完成后的效果如图10-78所示。

（7）选择第9张幻灯片中的内容占位符，单击【开始】/【段落】组中的"转换为SmartArt"按钮 ，在弹出的下拉列表中选择"水平项目符号列表"选项，如图10-79所示。

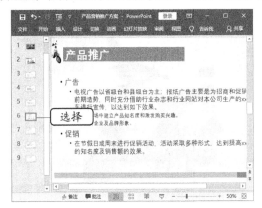

图10-78　添加内容及效果

图10-79　将文本转换为SmartArt图形

（8）调整SmartArt图形中内容的级别，并更改SmartArt图形的颜色。

（四）为幻灯片添加动画

微课视频

为幻灯片添加动画

下面为幻灯片和幻灯片中的内容添加动画效果，其具体操作如下。

（1）单击【切换】/【切换到此幻灯片】组中的"切换效果"按钮 ，在弹出的下拉列表中选择"细微"栏中的"推入"选项，如图10-80所示。

（2）单击【切换】/【切换到此幻灯片】组中的"效果选项"按钮 ，在打开的下拉列表中选择"自左侧"选项。单击【切换】/【计时】组中的"应用到全部"按钮 ，即可将该张幻灯片的切换效果应用于演示文稿的其他幻灯片中，如图10-81所示。

（3）选择第1张幻灯片中的标题和副标题占位符，为其添加"擦除"动画，将动画方向设置为"自顶部"。在【动画】/【计时】组中的"开始"下拉列表框中选择"上一动画之后"选项，如图10-82所示。

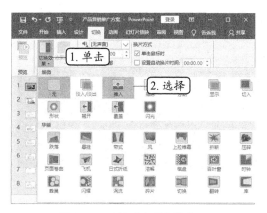

图10-80　选择幻灯片切换效果　　　　　图10-81　应用到全部幻灯片

（4）为第2张幻灯片中的标题占位符添加"自左侧"的"擦除"动画，将开始时间设置为"上一动画之后"。选择SmartArt图形，为其添加"浮入"动画，单击【动画】/【动画】组中的"效果选项"按钮↑，在弹出的下拉列表中选择"逐个"选项，如图10-83所示。

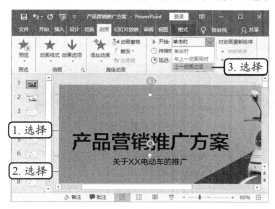

图10-82　设置动画开始时间

图10-83　设置动画效果选项

（5）将开始时间设置为"上一动画之后"。使用相同的方法为其他幻灯片中的对象添加动画效果，并对动画效果选项、开始时间等进行设置。

（五）使用演示者视图放映幻灯片

下面切换到演示者视图放映幻灯片，便于用户切换查看备注，其具体操作如下。

（1）按【F5】键从第1张幻灯片开始放映，在放映的幻灯片上单击鼠标右键，在弹出的快捷菜单中选择"显示演示者视图"命令，如图10-84所示。

（2）进入演示者视图后，在视图左侧显示当前显示的幻灯片，并显示播放的时间，在视图右侧显示该幻灯片的下一张幻灯片，如果幻灯片有备注内容，则演示者还可边演示边查看，如图10-85所示。

（3）在视图左侧放映的幻灯片中单击，可切换到下一个动画或下一张幻灯片。播放到第5张幻灯片时，单击幻灯片下方的"笔和激光笔"按钮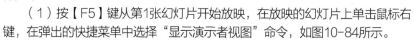，在弹出的下拉列表中选择"荧光笔"选项，如图10-86所示。

（4）再次单击"笔和激光笔"按钮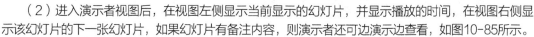，在弹出的下拉列表中选择"墨迹颜色"选项，在弹出的子列表中选择"红色"选项。

（5）在幻灯片中拖曳鼠标指针标注出重点内容后，单击"笔和激光笔"按钮，在弹出的下拉列表中选择"荧光笔"选项，如图10-87所示，使指针恢复正常状态。

微课视频

使用演示者视图放映幻灯片

图10-84　选择菜单命令

图10-85　演示者视图

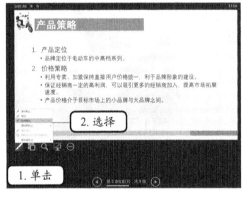

图10-86　选择"荧光笔"选项

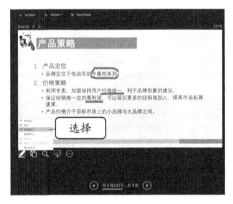

图10-87　恢复指针形态

（6）继续放映其他幻灯片，放映完成后，在打开的提示对话框中单击 保留(K) 按钮，如图10-88所示。

（7）退出演示者视图，返回普通视图，可查看保留的墨迹，如图10-89所示，完成本任务的制作。

图10-88　保留墨迹

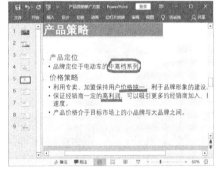

图10-89　查看保留的墨迹

课后练习

（1）本练习将使用Word制作"产品宣传海报"文档，完成后的效果如图10-90所示。在制作文档时，页面背景是通过两个直角三角形编辑形状顶点后得到的两个新的形状拼接而成的。

图10-90 "产品宣传海报"文档

 素材所在位置 素材文件\项目十\电动车.png

效果所在位置 效果文件\项目十\产品宣传海报.docx

（2）本练习将制作"2021年营销推广费用统计表"表格，完成后的效果如图10-91所示。本练习主要是对表格数据进行制作和分析。

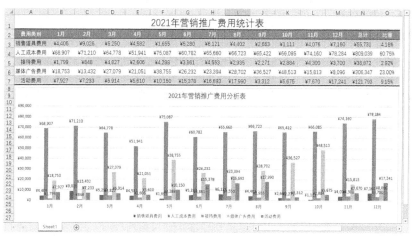

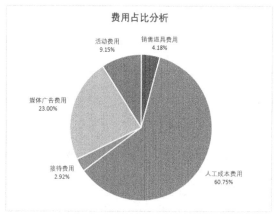

图10-91 "2021年营销推广费用统计表"表格及图表

素材所在位置　素材文件\项目十\营销费用统计数据.txt

效果所在位置　效果文件\项目十\2021年营销推广费用统计表.xlsx

技能提升

1. Word排版布局原则

　　Word文档的制作虽然简单，但要想让制作的文档版面舒适、美观，那么在排版布局Word文档内容时，就需要遵循对齐原则、一致性原则和紧凑原则，这是制作文档必须遵循的3项原则。

- **对齐原则：** Word页面中的每一个元素都不是随意放置的，而是需要与其他元素以某一基准进行对齐设置。合理的对齐设置可以为页面中的元素建立视觉上的关联，使整体更加规范，布局更加错落有致。
- **一致性原则：** 是指文档中同级别、同类型的内容应该设置为相同的格式，使文档整体效果更加协调，便于用户阅读和修改。在对长文档进行排版时，可使用样式来统一同级别的段落格式，这样既便于修改，又可提高工作效率。
- **紧凑原则：** 是指将文档页面中的内容有规律地进行排列，从而使文档中的内容结构更清晰。在制作文档时，可以适当调整段与段之间的间距、行与行之间的间距，这样既能看出各段落之间的联系，又便于读者阅读。

2. Excel的数据分析库

　　当涉及数据分析时，绝大多数人想到的是Excel的分类汇总、图表、迷你图、数据透视表等常用数据分析工具。除此之外，Excel 2016还提供了一个强大的数据分析库，其中包括近20种分析工具，如方差分析、移动平均、直方图等，使用不同的分析工具可以完成不同的数据分析。在Excel中，要使用数据分析库中的分析工具分析数据时，需要打开"Excel选项"窗口，在窗口左侧选择"加载项"选项，在窗口右侧单击 转到(G)... 按钮，如图10-92所示，将数据分析功能添加到"数据"选项卡中。在【数据】/【分析】组中单击"数据分析"按钮 ，打开"数据分析"对话框，如图10-93所示，在"分析工具"列表框中选择需要的分析工具即可。

图10-92　添加数据分析功能　　　　　　图10-93　选择需要的分析工具

3. PPT配色方法

　　配色是直接决定幻灯片呈现效果好坏的重要因素之一，因此，幻灯片的配色非常重要。在制作演示文稿时，如果对配色没有明确的要求，那么可以根据以下3个方面来配色。

- **根据Logo配色：** Logo是公司的标志，而且Logo的配色也比较成熟，因此，可以直接将公司Logo的主题色作为演示文稿的主题色使用，这样既可以快速得到配色方案，又可以将配色与公司形象联系在一起，有助于树立公司的形象。图10-94所示为根据Logo配色建立的一套配色方案。

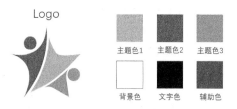

图10-94　根据Logo配色

- **根据行业配色：** 不同的行业有着不同的代表色，如科技行业常用蓝色、黑色作为代表色；环保、公益行业常用绿色作为代表色等。因此，在对演示文稿进行配色时，可根据行业选择配色方案。图10-95所示为科技行业PPT模板，配色采用黑色和蓝色；图10-96所示为党建PPT模板，配色采用红色和白色。

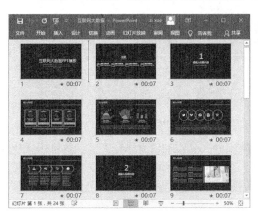

图10-95　科技行业PPT模板

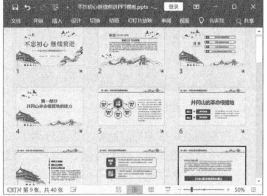

图10-96　党建PPT模板

- **根据观众喜好配色：** 演示文稿最终要演示给观众看，因此，演示文稿制作者还要考虑观众对演示文稿的喜好度，配色往往是吸引观众的主要因素之一。不同的观众有不同的颜色喜好，因此，在对演示文稿进行配色时，还需要对观众群体进行分析，如通常年龄越小的观众越喜欢鲜艳、饱和度高的颜色，图10-97所示为幼儿英语课件PPT模板，采用的配色就比较明亮、鲜艳。

图10-97　幼儿英语课件PPT模板

4．PPT中常用的幻灯片版式

幻灯片版式决定了幻灯片内容的排版布局，好的版式能提升整个演示文稿的质量。在制作演示文稿时，常用的幻灯片版式有全图型、上下型、左右型和中轴型4种。

- **全图型：** 该幻灯片版式多用于产品发布会、企业宣传、旅游日记、作品赏析等演示文稿的幻灯片封面中，主要以图片为主，文字为辅，对图片的质量要求较高，其页面冲击力越强，视觉效果越佳，能快速吸引观众的注意力，图10-98所示为全图型的幻灯片封面效果。
- **上下型：** 是指将幻灯片整个版面分隔为上下两部分，并按照顺序从上到下排列，这种版式比较符合视觉规律，图10-99所示为上下型的幻灯片效果。

图10-98　全图型　　　　　　　　　　　　　　　　　图10-99　上下型

- **左右型：** 是指将幻灯片整个版面分隔为左右两部分，分别配置文字和图片，这种版式也比较符合视觉规律，阅读起来更加舒适、自然。左右型幻灯片中，图片或文字内容的位置并不固定，既可以左图右文，也可以左文右图，视情况而定。图10-100所示为左图右文型的幻灯片效果。
- **中轴型：** 将幻灯片整个版面进行水平方向或垂直方向排列，具有良好的平衡感。水平排列的中轴型更受观众的喜欢，因为能给人稳定、安静、平和与含蓄之感，如图10-101所示。

图10-100　左右型　　　　　　　　　　　　　　　　图10-101　中轴型